CULTURES, TECHNOLOGIES ET MONDIALISATION

Sous la direction de
Alain Kiyindou

CULTURES, TECHNOLOGIES ET MONDIALISATION

Avec les contributions de

AMADOR BAUTISTA Rocío, ANTIOPE Nathalie, AOUDIA Karima, AUBIN France, CAILLE Patricia, CISSOUMA TOGOLA Diama, DIBAKANA Jean-Aimé, GIADAS Marcos, KIYINDOU Alain, LAULAN Anne-Marie, LAVIGNE Michel, OUALLET Anne, SAADAOUI Linda, SMATI Nozha, YEGHNI Samia, ZOGHBI Walid

L'Harmattan

5-7, rue de l'Ecole-Polytechnique, 75005 Paris

http://www.librairieharmattan.com
diffusion.harmattan@wanadoo.fr
harmattan1@wanadoo.fr

ISBN : 978-2-296-12267-3
EAN : 9782296122673

Collection Mouvements Economiques et Sociaux
Dirigée par **Claude ALBAGLI**

La collection « les Mouvements Economiques et Sociaux » présentée par **L'HARMATTAN** *et l'***INSTITUT CEDIMES** *se propose de contribuer à l'analyse des nouveaux aspects de la mondialisation en embrassant les phénomènes économiques, sociaux et culturels. Elle vise à faire émerger des recherches et des contributions originales sur les mutations du développement et de la mondialisation.*

ALBAGLI Claude, « ***Le surplus agricole, De la puissance à la jouissance*** », L'Harmattan, Coll. M.E.S., 2001.

DELIVANIS-NEGREPONTI Maria, « ***La mondialisation conspiratrice*** », L'Harmattan, Coll. M.E.S., 2002.

RUBY Marcel (sous la direction), « ***Une mondialisation humaniste*** », Préface du Ministre Délégué de la Coopération et de la Francophonie, Pierre-André WILTZER L'Harmattan, Coll. M.E.S., 2003.

RAJEMISON Sahondravololona & ALBAGLI Claude, (sous la direction), « ***Mutations contemporaines et développement*** », Préface du Ministre de l'Enseignement Supérieur et de la Recherche, Jean-Théodore RANJIVASON, L'Harmattan, Coll. MES, 2003.

MAYOUKOU Célestin, ALBAGLI Claude, TORQUEBIAU Emmanuel et **THUILLIER Jean-Pierre** (Coordonnateurs), « ***Gouvernance du Développement local*** », CIRAD, L'Harmattan, Coll. M.E.S. 2003.

ALBAGLI Claude, (Coordonnateur) « ***Alter-Développements, et développements altérés, Hommage à Jacques AUSTRUY*** », L'Harmattan, Coll. M.E.S. 2003.

KIM Yersu & ALBAGLI Claude (Coordonnateurs), « ***Corée du Sud, le modèle et la crise*** », Commission Nationale Coréenne pour l'UNESCO, Coll. MES, L'Harmattan, 2004.

TREMBLAY Rodrigue, « ***L'Amérique impériale*** », Coll. MES L'Harmattan, 2004.

HUCHET Jean-François & RICHET Xavier (Coordonnateurs), « ***Gouvernance, coopération et stratégie des firmes chinoises*** », Coll. MES, L'Harmattan, 2005.

DUPRIEZ Pierre (sous la direction), « ***Entreprises roumaines en transition, Etudes de cultures organisationnelles*** », Coll. MES, L'Harmattan, 2005.

COURTHEOUX Jean-Paul, « ***La socio-euphémie, Expression, modalités, incidences*** », AELF, Coll. MES, L'Harmattan, 2005.

GUERRAOUI Driss & RICHET Xavier (sous la direction), « ***Intelligence économique et veille stratégique, Défis et stratégies pour les économies émergentes*** », Co-édition ARCI, Coll. MES L'Harmattan, 2006.

SCHMITT Christophe (sous la direction), « ***Université et Entrepreneuriat, des relations en quête de sens*** », Coll. MES, L'Harmattan, 2006.

AUSTRUY Jacques, « ***Islam face au développement*** », Coll. MES L'Harmattan, 2006.

GERN Jean-Pierre (sous la direction), « ***Les sciences sociales confrontées au défi du développement*** », Coll. MES, L'Harmattan, 2006.

PATUREL Robert (sous la direction), « ***Dynamique entrepreneuriale et développement économique*** », Coll. MES L'Harmattan, 2007.

TRAIMOND Pierre, « ***Jean-Charles BORDA, 1733-1799*** », Coll. MES L'Harmattan, 2007.

TSAFACK-NANFOSSO Roger A. (sous la direction), « ***L'économie solidaire dans les pays en développement*** », Coll. MES L'Harmattan, 2008.

ALBAGLI Claude, « ***Les sept Scénarios du Nouveau Monde*** », Préface du Sénateur Jean-François LE GRAND, Coll. MES, L'Harmattan, 2009.

GASSE Yvon (sous la direction), « ***Vers une francophonie entrepreneuriale*** », Coll. MES, L'Harmattan, 2009.

TRAIMOND Pierre, « ***Le développement aux périls de la finance, Essai*** », Coll. MES L'Harmattan, 2009.

KIYINDOU Alain (sous la direction), « ***Cultures, Techniques et Mondialisation*** », Coll. MES L'Harmattan, 2010.

INTRODUCTION

KIYINDOU Alain

Culture, technologies et mondialisation, trois termes qui s'interpénètrent et se fécondent mutuellement. La culture est foncièrement marquée par la technologie qui, elle-même, est un fait culturel s'inscrivant dans le cadre d'une mondialisation accélérée par les « avancées » technologiques. Dans cet univers, les cultures se croisent, s'observent, s'imitent, se confrontent et dialoguent, quand elles ne s'ignorent, ne s'excluent ou ne se rejettent. Ce magma, appelé mondialisation est donc à la fois enchevêtrement, enlacement et écartelement. Des matériaux divers s'entrechoquent dan ce bouillonnement culturel, parfois économique mais souvent technologique puisque c'est à partir de la technique que désormais, le monde se dessine, s'observe, s'analyse et se projette. D'un bout à l'autre du monde, des mondes, les récits les plus spécifiques, les événements les plus particuliers, les idées les plus singulières, les modes de pensée les plus complexes sillonnent à travers les multiples réseaux sociaux qui ne cessent de s'élargir. Mais au-delà de ce brassage, de ces (virtuelles) interactions, que deviennent les cultures minoritaires ? Comment les réseaux techniques prennent-ils place dans des espaces particuliers et comment les cultures se construisent ou se détruisent ?

Cet ouvrage est divisé en deux partie, la première intitulée médias et technologies et la seconde Culture et société.

La première partie, Médias et technologies, est une approche du rapport culture et mondialisation à travers le prisme des vecteurs dont on sait qu'ils contribuent au formatage des contenus véhiculés. Sans vouloir s'accrocher au déterminisme technologique, il est simplement impossible d'ignorer que les médias, de toute nature, constituent le cœur de la mondialisation en ce sens qu'ils contribuent à en amplifier les échanges. La distinction faite entre médias et technologie permet de souligner le rôle majeur de la technologie. Les différents articles rassemblés dans cette partie portent sur l'expression des identités diverses, la création de dynamiques sociales nouvelles, les résistances, le rôle des médias et des industries culturelles, les politiques publiques...

Dans son article intitulé TIC et expression panafricaine entre globalisation et diversité, Alain Kiyindou analyse le positionnement identitaire panafricain à travers les sites web qui s'affichent comme tel. Il s'agit, à partir de ce corpus, de montrer comment cette « africanité » affirmée cache une certaine forme de métissage voire d'universalisme, en tout cas un syncrétisme. Dans la même optique Jean-Aimé Dibakana, montre, en s'appuyant sur l'exemple du téléphone portable au Congo-Brazzaville, que la mondialisation n'est pas à lire comme un phénomène linéaire se propageant d'un « centre » vers une « périphérie », d'une « culture dominante » vers des « cultures dominées », ni comme un phénomène entraînant une uniformisation des comportements à travers la planète. Le téléphone portable, explique-t-il, est venu créer des dynamiques sociales nouvelles. Cette non-linéarité ou plutôt les pratiques de résistances apparaissent aussi à travers le cas des Départements français d'Amérique, analysé par Nathalie Antiope. Son article, intitulé *Globalisation et ethno discursivité médiatiques*, met à jour la résurgence des revendications, réaffirmations identitaires (ethniques, religieuses, communautaires...). Les Départements français de la Caraïbe deviennent ainsi des lieux de refondation, de (re)construction mais également de ré-enracinement identitaire. C'est également sur les pratiques de résistances ou de recontextualisation des contenus que revient Nozha Smati. Se focalisant sur l'exemple tunisien, son article aborde la question de l'articulation entre le local et le global à travers les médias régionaux tunisiens. Le rôle des médias sera d'ailleurs le fil conducteur de l'article de Karima Aoudia, *Réception des médias transnationaux par satellite*. Elle interroge la place des médias dans le processus d'intégration des immigrants à Montréal. En d'autres termes, l'auteur se pose la question de savoir si la consommation croissante des médias arabes - provenant du Moyen-Orient et du Maghreb - par la diaspora nord-africaine favorise une réelle intégration ou au contraire provoque un repli communautaire voire même une ghettoïsation ?

Walid Zoghbi apporte, quant à lui, un regard différent sur la question des médias et identité à travers un article intitule *L'immigration maghrébine dans les médias français,* thème qui s'est imposé dans les médias français depuis le milieu des années soixante-dix. Il explique que les images publiques de l'immigration sont devenues des enjeux et qu'elles se sont progressivement construites, corrigées, réglées sous l'action conjuguée de multiples acteurs. Les politiques publiques peuvent donc contribuer à redresser cette situation. C'est également au niveau des politiques publiques que se situe l'article de Rocío Amador Bautista. Il traite de l'internationalisation des universités virtuelles mexicaines, dans le cadre des politiques globales de la mondialisation de l'enseignement supérieur au Mexique ainsi que les processus du développement technologique, l'expansion territoriale et les défis de l'internationalisation des universités virtuelles. Enfin, *Multimédia culturel : l'impossible industrie,* de Michel Lavigne, pose la question de l'avenir des industries culturelles. Son postulat est celui d'un nouveau régime en voie d'instauration : la *dissolution culturelle* dont les réseaux numériques constituent le catalyseur.

La deuxième partie de cet ouvrage est intitulée Culture et société pour marquer l'inscription sociétale de la culture qui en même temps qu'elle façonne la société en est un produit. Mais au-delà d'une emprise universelle de la culture, celle-ci varie en fonction du temps et de l'espace. Certaines sociétés ont un ancrage culturel plus fort que d'autres qui auraient des fondements plus économiques. Pour certains, la culture est le moteur de la société alors que pour d'autres la base en est économique, c'est d'ailleurs ce qui explique la création un peu partout de communautés économiques (CEE[1], CEMAC[2], UEMOA[3], ALENA[4] etc.). Mais si nous parlons de société, le lien social est avant tout culturel puisqu'il se construit d'abord sur des principes de « mêmetés », c'est-à-dire de proximité identitaire. Notre façon de parler, de regarder, les technologies, la manière d'envisager et de pratiquer les échanges de diverses natures influencent largement le sentiment d'appartenance sociale et ou communautaire. Mais cette culture n'est plus cantonnée dans des espaces figés. Elle s'affranchit des frontières physiques. Elle est davantage dans les modes de pensée, les façons de faire que dans l'appartenance à telle ou telle ethnie, région ou nation. La mondialisation a rapproché les espaces et les hommes. Avec elle, tout est devenu proche et ne relèvent du lointain que ceux que nous ne comprenons pas, à cause de leurs habitudes, leur langue, leur religion etc.

Anne-Marie Laulan rappelle, dans son article intitulé *La dimension culturelle, vecteur du développement économique ?,* les nombreux défis du monde actuel dont la question des changements climatiques. Pour répondre à ces défis, explique-t-elle, ni l'économie, ni la politique, ni les subventions ne sont, seules, en mesure d'apporter des solutions durables, il faut redonner toute sa place à la culture, dans la pleine diversité de ses formes et de ses expressions. La diversité des expressions culturelles, sujet également traité par France Aubin, n'est pas une préoccupation nouvelle dans la mesure où elle est au centre du jeu international des rapports de force dont l'Unesco a été le théâtre depuis la fin des années 1970. Patricia Caillé aborde la question sous l'angle de l'expression cinématographique en soulignant les enjeux de la production, de la diffusion et de la réception des films. En tout cas, elle s'attache à questionner le rapport entre « cinéma », « identité nationale » et « culture cinématographique ». Diama Cissouma Togola et Anne Ouallet choisissent l'entrée patrimoniale. Leur article intitulé *Diversité culturelle et globalisation : enjeux et retombées dans un pays d'Afrique subsaharienne. L'exemple malien* interroge les dynamiques de participation à la mondialisation à partir de l'analyse des politiques et pratiques culturelles liées aux mouvements d'internationalisation de la planète. Il prend appui sur l'expérience malienne. Les cultures apparaîssent à la fois comme, potentiels de développement économique et piliers de la cohésion sociale. Pour tracer un chemin nouveau, chaque nation doit demeurer fidèle à ses valeurs fondamentales, en même temps qu'ouverte à la modernité, au partage des

---

1 Communauté économique européenne.

2 Communauté économique et monétaire de l'Afrique centrale.

3 Union économique et monétaire ouest-africaine.

4 Accord de libre-échange nord-américain.

savoirs, à l'appropriation des nouvelles technologies. C'est dans cette dualité que s'inscrit Samia Yeghni, quand elle aborde la question de la prise en charge de la parturiente dans la société algérienne où se côtoient voire se confrontent deux conceptions de l'art médical, une traditionnelle et l'autre issue de la science moderne, dont l'efficacité se trouve attenuée par la méprise des considérations culturelles locales.

Se situant dans un contexte politico-culturel, Linda Saadaoui revient sur le rapport entre globalité et localité à travers le cas du Grand Duché de Luxembourg, mosaïque culturelle avec plus de 100 nationalités différentes. Le rôle des journalistes et donc de la presse est ici, remise en question. Médiateurs ou faiseurs d'opinion ? Cette question est posée aussi par Marcos Giadas qui observe que la mise en visibilité de certaines causes dont l'implication des artistes internationaux a facilité le passage du simple cadre local ou national à la sphère internationale. Elles se voient ainsi débarrassées de leurs particularismes locaux et deviennent des problèmes publics mondialisés.

Les auteurs de cet ouvrage se sont donc attachés à examiner divers terrains permettant de comprendre la relation culture, technologies et mondialisation : les questions liées aux médias, au lien social, à l'appropriation des nouvelles technologies, aux industries culturelles, au développement, à la santé, à l'immigration, à la formation... Dans chacun des cas, le rôle et le respect du contexte sociétal semble être une condition nécessaire à l'appropriation collectivement assumée et discutée des changements. Gérer de façon harmonieuse la diversité oblige à la recherche d'un équilibre entre l'économique, le culturel, le social et le politique, équilibre difficile à atteindre. En tout cas, la culture distingue autant qu'elle rapproche, dans toutes ses dimensions : anthropologique, scientifique, artistique, esthétique, sociale, technique… Elle est un rempart à la déstructuration des institutions sociales. Elle est le fondement de toute société, elle lie et délie les individus et les groupes qui constituent cette société.

PARTIE 1

MEDIAS ET TECHNOLOGIE

TIC ET EXPRESSION PANAFRICAINE : ENTRE GLOBALISATION ET DIVERSITE

KIYINDOU Alain

Le terme « expression » que nous utilisons ici exprime la difficulté de dire exactement sa pensée, l'embarras du langage qui doit recourir à des artifices, à des métaphores, etc. Cette pression de laquelle on attend qu'apparaisse le moi, le nous, le substrat de l'être (Du latin *expressio,* extrait en pressant). Les Technologies de l'information et de la communication (TIC), nous permettent d'examiner ces tentatives d'extraction du soi et de sa publicisation. Les TIC ne sont pas aussi neutres qu'elles ne paraissent et l'identité, pas aussi pure qu'on le prétend. En tant que sentiment subjectif et tonique d'une unité personnelle et d'une continuité temporelle, elle constitue de fait, une sommation des différentes situations vécues par l'individu et le groupe. Elle se construit par couches successives et revêt plusieurs facettes. A nous de choisir celle qui nous convient le mieux et à la porter en étendard. La tradition freudienne l'appréhende sous l'angle du conflit (entre les différentes instances de l'individu : le ça, le moi et le sur moi, mais aussi entre l'identité pour soi et l'identité pour autrui). La propension à travailler à son affirmation par le biais des blogs ou de sites internet quelconques est remarquable auprès des jeunes - intellectuels ou non - africains qui s'identifient au panafricanisme. Ce mot qui, pour certains, paraît désuet, décore de nombreux sites internet où les webmasters et les internautes exhibent leur africanité, affichent des symboles identitaires, intègrent et excluent. Ces sites qui, au non de l'histoire oubliée se transforment souvent en exutoire. Arbre à palabre ? L'expression n'est pas inappropriée, sauf qu'il s'agit ici d'un œcoumène particulier. Le règne de l'électronique avec sa série de bits, de gigabits, de megabits, mais surtout un espace vague et imprécis dans lequel la portée des actes est à peine prévisible. Alors, brin de nostalgie, mal être, ou simple besoin d'expression ? Les observations faites ne nous permettent pas, malheureusement, d'y répondre.

Le panafricanisme

Parler du panafricanisme, c'est aborder la question de l'identité africaine. L'identité dont il est fait référence ici, est un construit par lequel individus et groupes caractérisent les autres en se déterminant. Elle consiste, d'une part, en une attribution (identité pour autrui) et, d'autre part, en un sentiment filial (identité pour soi). De fait, l'identité est autant relative aux opinions et représentations qu'autrui projette sur nous, qu'à notre propre vision idiosyncrasique. Or, l'Afrique a donné à voir une dynamique de construction identitaire problématique. On pourrait aller jusqu'à s'interroger sur l'identité africaine. Mais une telle interrogation vaudrait aussi pour l'identité européenne...

Panafricanisme comme mouvement politique et culturel

Le panafricanisme se définit comme le mouvement politique et culturel qui considère l'Afrique, les Africains et les descendants d'Africains hors d'Afrique comme un seul ensemble visant à régénérer et unifier l'Afrique ainsi qu'à encourager un sentiment de solidarité entre les populations du monde africain (Organisation internationale de la Francophonie, 2004). Il glorifie le passé de l'Afrique et inculque la fierté par les valeurs africaines. Il est expression de la solidarité entre les peuples africains et d'origine africaine. Il exprime la volonté d'assurer la liberté du continent et son développement à l'égal des autres parties du monde. Il est donc à distinguer de l'afrocentrisme, considéré comme un repli sur soi et une négation de l'autre. Il est à rapprocher d'autres grands mouvements de rassemblement de peuples, comme le panaméricanisme, le panarabisme, l'Europe...

Fondements du Panafricanisme

La « conférence panafricaine » de 1900 marque officiellement la naissance du panafricanisme, mais sa réalité est attestée bien avant cette date. Il est issu d'abord d'un refus de la traite des Noirs, de l'esclavage et de toutes leurs conséquences sur le statut juridique des Noirs, sur l'image de l'Afrique dans le monde et sur le destin que les grandes puissances de l'époque leur réservaient. Plusieurs congrès comme ceux organisés par W. E. B. Du Bois ont contribué à renforcer cette idéologie structurée autour d'un certain nombre de mouvements comme L'UNIA (*Universal Negro Improvement and Conservation Association and African Communities League*) de Marcus Garvey[5] (1887-1940). Les luttes

---

[5] Issu d'une famille d'esclaves marrons, venu de la Jamaïque, où il avait fondé l'UNIA dès 1914, Garvey était un de ces nombreux Noirs caribéens immigrés aux Etats-Unis et héritiers des traditions de résistance des esclaves de la Caraïbe. En 1919, il ouvrit à Harlem un immense local, le Liberty Hall, pour servir de siège à son mouvement. Ce fut là qu'il lança en 1920, devant un auditoire enthousiaste de 25 000 personnes, sa fameuse « Déclaration des Droits des Peuples Nègres du Monde ». Contrairement à Du Bois qui

contre le colonialisme et le fascisme portées entre autres, dans la France des années 20, par des figures politiques telles que Lamine Senghor, Max Bloncourt, Tiémoko Garan Kouyaté vont dans ce sens.

Influence du panafricanisme

La question de l'africanité est, à la fois, culturelle et politique. Elle est au centre d'un courant politique qui s'appuie sur les travaux d'Aimé Césaire, Senghor, Cheik Anta Diop...

Sur le plan culturel, il correspond à trois événements artistiques importants : le festival des arts nègres de Dakar, le festival d'Alger et celui de Lagos. Le mouvement Rastafari de Jamaïque est, lui aussi, né du panafricanisme. Quand Marcus Garvey a déclaré « *Tournez vous vers l'Afrique pour le couronnement d'un roi noir* », les Rastas se sont tournés vers Hailé Sélassié Ier d'Ethiopie.

Sur le plan politique, le Conscientisme de Kwame Nkrumah, la Self reliance prônée par Julius Nyéréré, et qui est d'ailleurs assez proche du socialisme Bantou (Alphonse Massamba Debat), la politique du recours à l'authenticité de Mobutu, sont à associer à ce mouvement. Dans le domaine de la communication, la création de l'Agence panafricaine d'information, PANA, née de la volonté de produire une information panafricaine, est à mettre en rapport avec la recherche d'un nouvel ordre mondial de l'information et de la communication. On a vu, aussi, la création et le développement de groupes de presses panafricanistes comme *Jeune Afrique, Africa numéro 1* et plus récemment *Télé-Sud*. Dans le domaine des nouvelles technologies, on note la création en 1992 de RASCOM, l'Organisation régionale africaine de communication par satellite. Elle se veut l'expression de la ferme volonté soutenue de tous les Etats africains d'œuvrer ensemble pour créer et exploiter en commun des infrastructures de télécommunication propres à l'Afrique[6]. Sa mission est de mettre à la disposition de tous les pays africains, des moyens efficaces et économiques de télécommunication et de répondre à leurs besoins en matière de radiodiffusion sonore et télévisuelle, en ayant recours à toutes technologies appropriées, y compris un système régional de communication par satellite convenablement intégré aux réseaux nationaux existants et/ou planifiés afin de favoriser le développement des pays d'Afrique. Le premier satellite panafricain de télécommunication, RASCOM, a été lancé le 21 décembre 2007.

---

s'intéressait davantage à l'élite noire et donnait de plus en plus sa préférence au socialisme, Garvey s'adressait aux masses noires et voulait susciter des capitalistes noirs capables de rivaliser avec leurs homologues occidentaux.

[6] Le RASCOM comprend 46 Etats membres avec l'entrée récente de l'Erythrée et un membre observateur, la Guinée Equatoriale.

De Africaciel à Grioo : quelles formes d'expression pour le panafricanisme ?

Notre étude vise à analyser l'expression panafricaine, à en délimiter les contours et, bien entendu, à en étudier les limites. Elle concerne les sites web portant sur la culture africaine qui affichent dans leurs balises le mot clé « site panafricain ». Ce choix peut paraître restrictif, mais il a l'avantage de réduire de façon pratique le champ de la recherche. En nous intéressant principalement aux 10 premiers sites affichés, notre analyse s'en est trouvée facilitée.

La question de l'expression africaine pourrait être liée à une autre, celle de savoir si les pratiques actuelles des TIC participent au « formatage » des cultures ou au contraire, si elles sont au service de la diversité, telle que prônée par la convention de l'Unesco, adoptée à Paris le 20 octobre 2005. Penser l'africanité ne consiste donc pas à s'enfermer dans une vision revendicatrice ou d'opposition, mais à envisager l'Afrique dans un monde globalisé à côté d'une Europe aujourd'hui bien construite, d'une Asie émergeante et d'une Amérique stable. Parmi les sites se déclarant panafricanistes se trouvent : Africaciel.com, AllAfrica.com, Grioo.com, Africatime, Africacollect, Africa online, Grioo, Tamtam, Mbolo, Afrikeco... Ils se distinguent par leurs contenus, leurs noms et le choix des couleurs, les visuels…

Les contenus des sites panafricanistes

Sur le plan technique, les sites panafricanistes sont, dans l'ensemble, bien construits : finis les encombrements et place à la sobriété. On y trouve des moteurs de recherche, une information actualisée, des espaces de débats, de nombreux services dont la possibilité de créer un blog… Ils essaient également de créer des communautés virtuelles pour développer les échanges. Certains d'entre eux jouissent d'une bonne notoriété. Africaonline, par exemple, offre un lien vers plus de 11.400 sites consacrés à l'Afrique[7]. Bien évidemment, tous ces sites contiennent des références, surtout dans la partie information, aux graves problèmes qui affligent le continent africain. Ce qui, par contre, constitue une véritable nouveauté empirique c'est l'illustration de plusieurs aspects de la vie africaine souvent ignorés dans les médias classiques habitués à servir à l'opinion publique internationale une représentation qui fait de l'Afrique un continent sous perfusion, et où il ne se passe presque rien qui puisse œuvrer en faveur du développement. Une Afrique sans histoire, une Afrique qui brûle. On peut se référer ici aux travaux menés par le Media Group of Glasgow University ou à l'article intitulé « Un continent oublié des médias occidentaux, une Afrique sans histoire » (Kiyindou, 2005). Ainsi, on trouvera les réalisations faites par les populations locales qui contrastent avec les reportages classiques des « humanitaires ou médecins sauveurs ». L'examen de ces forums laisse supposer l'attachement des internautes à des thématiques qui sont liées à la

---

[7] A noter que très peu de sites sont hébergés dans des domaines africains.

culture, au développement. Sur Afrik.com par exemple, le taux de réponse le plus élevé concerne une discussion sur les problèmes africains : élections au Zimbabwe, réunion ACP-CE... Ils offrent au public un contenu très diversifié allant de l'actualité politique à l'actualité sportive en passant par la rubrique santé, le coin rencontre, les recettes de cuisines (Mafé, Kedjenou, Saka saka...). Ils célèbrent la beauté africaine. Il n'est pas rare, d'ailleurs, d'y trouver des poèmes emblématiques comme celui de Bernard Dadié :

« *Je vous remercie mon Dieu, de m'avoir créé Noir,*
Le blanc est une couleur de circonstance
Le noir, la couleur de tous les jours
Et je porte le Monde depuis l'aube des temps.
Mon rire sur le Monde, dans la nuit, créé le Jour.» (Dadie, 1978) ;

Ou celui de Léopold Sedar Senghor :

« *Femme nue,*
femme noire,
vêtue de ta couleur qui est vie,
de ta forme qui est beauté,
J'ai grandi à ton ombre... »

(Senghor, 1990).

Des sujets de société y sont traités avec beaucoup de distance. A titre d'exemple, des débats ou des reportages sur la SAPE (Société des ambianceurs et des personnes élégantes), véritable phénomène de société au Congo et en Afrique en général, génèrent des dizaines de pages de commentaires. Il faut dire que, dans l'ensemble, ces sites s'efforcent de diffuser un contenu proche des internautes. Des sujets qui touchent et parfois qui divisent comme cette phrase de Alain Mabanckou, Prix Renaudot 2006, selon lequel, la littérature gabonaise se résumerait à quelques quatre textes. Cette affirmation publiée sur le blog de l'auteur a engendré plus de 200 pages de commentaires et entraîné la création de sites dédiés à cette question. Au Gabon, le débat sur internet a été repris par les étudiants de littérature africaine qui, tous les jours, affichaient dans les locaux de la faculté des lettres, les nouvelles pages de commentaires. La proximité que nous observons ici va, donc, au delà de l'acception journalistique qui se formalise à travers la notion du mort kilométrique. Elle apparaît plutôt comme une affinité non seulement avec l'information elle-même mais aussi avec la forme. En effet, les webmasters éditoriaux essaient de parler le langage de leurs publics et s'impliquent tellement qu'ils ont parfois du mal à observer cette distance nécessaire aux spécialistes de l'information. Le langage peut être cru, donc en accord avec le registre des internautes. On retrouvera dans ces sites des formes et des expressions proches du parler africain, des proverbes... Certains sites leurs consacrent d'ailleurs des pages entières. En tout cas, on sent ici la volonté de montrer une Afrique qui bouge, à travers une vision plus large, une analyse plus approfondie des événements.[8] En règle générale, les sujets abordés font l'objet de discussions à travers des forums appropriés dans lesquels on note d'ailleurs un certain engouement des internautes, ces personnes souvent privées de parole sur les sujets qui les concernent au premier chef.

Héros et anti héros du panafricanisme

Le héro est une personne qui réalise les valeurs (politiques, culturelles...) les plus centrales. Il offre un point de vue, une « perspective », il canalise le déchiffrement et la reconnaissance des valeurs sociales et culturelles. On trouve presque systématiquement sur ces sites des dossiers sur les icônes africains (Nelson Mandela, Steve Biko, Patrice Lumumba, Mehdi Ben Barka, Nkwame Nkrumah, Amilcar Cabral, Julius Nyerere, Thomas Sankara, Léopold Sédar Senghor, Cheikh Anta Diop, Fela Kuti...)[9]. On y fait aussi référence à d'autres panafricanistes comme Marcus Garvey, W.E.B. Dubois, Malcolm X, Aimé Césaire, Bob Marley...

Rappelons que le héros est, à l'origine, le produit de l'union d'un dieu ou d'une déesse avec un être humain. Considérer quelqu'un comme un héro, c'est donc voir en lui quelque chose de semi-divin, et croire qu'il est différent de la foule des hommes ordinaires.

A côté de ces signes que l'on arbore fièrement et de ces personnages auxquels on s'identifie apparaissent quelques figures de l'anti-héros. La démesure, la générosité, l'imagination et l'intelligence des héros côtoient, donc, sur ces sites, la prudence et la cupidité, le calcul sournois et la rouerie des anti-héros, ceux sur lesquels toute la haine se cristallise. Ces contre-exemples qui font la honte de l'Afrique ou ces politiques qui entretiennent la Françafrique. Sur fond de pétrole, de diamant on y évoque des chefs d'Etat comme Denis Sassou Nguesso, Omar Bongo, Jacques Chirac et Nicolas Sarkozy. La focalisation sur la France s'explique par le fait que les sites observés sont francophones, mais on y trouve également quelques évocations de Georges Bush. Ces personnages apparaissent donc souvent comme une force antisociale, l'incarnation des forces du Mal qui modèlent les sociétés africaines. Dans ce tableau, apparaissent des personnages aussi emblématiques que mitigés. Kadhafi, le tyran qui impose sa logique à la France en installant sa tente à Paris est perçu comme un symbole de résistance au post-colonialisme. Laurent Gbagbo, Robert Mugabe semblent également bénéficier de leur résistance à la pression occidentale. Cette focalisation sur des personnages emblématiques rappelle que le processus identitaire est un construit par lequel groupes et individus se déterminent et déterminent les autres. La construction identitaire

[8] Chaque semaine, Mbolo.com fait un gros plan sur une entreprise africaine.

[9] On voit de plus en plus la montée de Laurent Gbagbo, qui apparaît parfois comme le symbole de la résistance contre la Françafrique.

passe par la comparaison à autrui et la nécessité de s'en différencier. Pour le cas du panafricanisme, il s'agit de se différencier du déviant, l'anti-héros. Edgard Morin explique d'ailleurs très bien cette situation en affirmant que « *L'identité constitue une sorte de bouclage indissoluble entre similitude/inclusion et différence/exclusion* » (Morin, 1980 : 271).

Des noms très évocateurs

L'observation des noms fait apparaître un réel désir de recherche ou d'affirmation identitaire. On remarquera que la plupart des noms sont africains. Ils ont en outre pour beaucoup d'entre eux une signification très profonde, rappelant soit la tradition, soit l'historiographie. *Mbolo* signifie bonjour, mais au delà de la simple salutation, il s'agit d'un mot fédérateur, symbole de l'unité et de l'harmonie des peuples puisqu'utilisé dans plusieurs langues bantoues. *Mbolo* au Gabon devient *Mboté* en république du Congo et *Mboté na yo* en république démocratique du Congo. Le mot Afrique qui revient dans africaonline, afrika.com, allafrica, africultures, africamov, africagora, africamaat, africast, mailafrica...est le signe de leur appartenance à l'univers africain. Des noms comme tamtam et Grioo rappellent aussi cette africanité. On pourrait d'ailleurs s'arrêter sur ces deux mots qui sont du registre de la communication. Le tamtam étant l'instrument de prédilection. On l'utilise pour la fête ou pour envoyer un message. Le griot est ce personnage emblématique de l'Afrique, véritable mémoire de la communauté. Conteur, poète, moraliste, instructeur, le griot est l'animateur principal de la société dans laquelle il vit. Il est toujours sollicité à prendre part aux grandes cérémonies (mariage, baptême, intronisation, fêtes). Il apprend aux jeunes l'histoire de leur société, il leur parle des grands chefs, de leurs comportements et de leurs règnes.

Les éléments graphiques

L'analyse graphique montre la récurrence des éléments iconiques suivants : Le poing, le tamtam, l'arbre, les amulettes, la case, la femme, la statuette, la calebasse, la carte de l'Afrique, le masque[10]. Le poing de la gloire (*Fist of Glory*), symbole du mouvement Black Power est aussi un symbole du panafricanisme retrouvé sur plusieurs sites. Il symbolise la victoire inéluctable du peuple africain opprimé, le réveil d'un continent marginalisé. Au-delà de ce symbole, assez présent sur les sites internet, des couleurs sont dites panafricaines. Il s'agit du vert, l'or et le rouge, couleurs provenant d'Éthiopie[11]. On les retrouve aujourd'hui dans de nombreux sites web. Le mouvement Rastafari issu du panafricanisme les a largement vulgarisés.

---

[10] Il y a quelques exceptions, le site de Woyaa par exemple ressemble étrangement à celui de Yahoo.

[11] Les couleurs rouge, noir et vert ont été déclarées couleurs officielles de l'Afrique par l'UNIA (Universal Negro Improvement Association and African Communities League) en 1920.

D'autres symboles comme le léopard, la panthère sont légions. Ils sont rattachés à une histoire et à des légendes africaines assez mal connues. On peut rappeler la légende de la société secrète des hommes-léopards qui ont fait régner la terreur de Guinée jusqu'à l'ex-Congo belge et qui, originellement étaient des justiciers, malgré les nombreuses dérives criminelles qui ont pu suivre[12]. Ces sociétés jouaient le rôle de structures judiciaires aux mains des chefs et des sorciers. La plupart des différends se réglaient par leur intermédiaire.

Parmi les objets courants sur les sites africains se trouve également la calebasse récipient par excellence pour les offrandes aux Vodun. Les Fon du Bénin désignent la calebasse par le terme Ka qui désigne la vie, la femme, la fécondité, la génération, la grossesse. Toutes ces images renvoient à la péponide (la calebasse) qui, non évidée, a une forme ovale représentant une panse renflée et contenant le principe actif de la vie. Le ventre de la femme enceinte est un Ka (calebasse) d'où émergera l'Existant, c'est-à-dire une âme, un esprit. Le Ka (calebasse) est donc l'âme, l'esprit, l'ombre, le double. Mais il est important de souligner qu'on est, ici, dans un monde construit qui, en fait, n'a rien à voir avec la réalité. L 'Afrique n'est pas ce monde de baobab, de tamtam, de grigris que l'on imagine. Les héros qui sont présentés ici comme faisant corps pour former cette Afrique idéale n'ont pas vécu ensemble, ce n'est ni la même période ni le même pays. On est donc loin de l'unité qui semble se dégager du site Internet.

Entre africanité et mondialité

L'expression africaine est le résultat de combinaisons multiples, d'emprunts et de l'évolution normale des peuples, appelés à vivre dans un environnement mondialisé, au contact d'autres cultures, avec des besoins et des contraintes spécifiques. Grioo, comme la plupart des sites reflètent cette situation. La page d'accueil de ce site, est une sorte de mélimélo où l'africanité n'a finalement que peu de places. La question est celle de l'adéquation entre l'identité et les besoins financiers nécessaires au fonctionnement d'un site internet. Le site est donc envahi par des publicités, qui n'ont souvent rien à voir avec l'Afrique et qui

---

12 Les membres étaient désignés par les anciens et ne pouvaient se soustraire à leur ordre. Leur initiation commençait juste après la circoncision. Ils devaient alors abandonner leurs familles et se rendre dans un endroit isolé, forêt ou îlot. Pendant de longs mois, le néophyte était soumis à des épreuves très pénibles comme porter un tronc d'arbre d'un poids égal à celui d'un homme adulte et courir avec ce fardeau. Il s'agissait en fait d'acquérir la souplesse et la vigueur d'une panthère quand elle transporte une grosse proie. L'exercice était non seulement harassant mais aussi très dangereux. Pendant que le jeune garçon se livrait à l'exercice, les autres lançaient des javelots comme ils l'auraient fait sur un fauve en fuite. Si le candidat était blessé ou tué, nul ne s'en souciait. Cela prouvait simplement qu'il n'était pas digne de devenir un homme-léopard. Si le candidat réussissait toutes les épreuves, on lui apprenait alors à imiter parfaitement les cris des félins et à se servir de ses armes d'assassin.

portent un coup à la cohérence graphique. Le site allAfrica.com présente aussi les mêmes insuffisances. De nombreuses informations sont tirées des dépêches d'agence et reprises sans traitement préalable. Dans ces conditions, l'expression panafricaine est comme parasitée par l'implacable industrie de l'information.

Les sites panafricains sont, pour la plupart, créés et dirigés en Europe, par la diaspora. C'est le cas de Grioo.com, Mazulio.fr... Certains sites comme Planetafrique sont déclarés domiciliés en Afrique, à Niamey, alors que le numéro de téléphone affiché est français. On notera également qu'au niveau des fréquentations, la plupart des internautes viennent d'Europe. Sur Grioo.com, par exemple, seuls 9,6 % des internautes viennent d'Afrique. 77,9 % d'Europe (dont 80 % en France), 9,5 % d'Amérique du Nord, 0,9 % d'Asie, 0,2 % d'Amérique du Sud et 0,1 % d'Océanie. Cela est bien entendu à relativiser, vue la faible pénétration d'internet dans les pays africains. La langue utilisée est souvent le français, les langues africaines ne sont utilisées que partiellement. On assiste aussi à l'émergence de nouveaux leaders issus de l'actualité immédiate. Louis Farrakhan est devancée par Obama, le leader américain qui semble redonner de l'espoir aux internautes panafricanistes qui voient dans sa percée le signe d'un nouvel espoir, mais surtout la possibilité d'un vivre en commun harmonieux et égalitaire.

L'expression panafricaine pose la question de l'afrocentrisme, un nationalisme culturel qui suppose l'existence de cultures pures, avec un ensemble de « labels identitaires ». Qu'est-ce qui est africain et qu'est-ce qui ne l'est pas ? Le français, ce fameux « butin de guerre », est-il africain ou pas ? Quelle place laisser au syncrétisme et jusqu'où peut-on aller dans ce syncrétisme ?

La construction de l'identité apparaît ainsi à la fois comme construction d'une image de soi. Elle passe par le sentiment d'exclusion ou de participation à des groupes sociaux plus ou moins organisés, d'acceptation ou de rejet de normes, de valeurs et de significations. Elle est à la fois imposée et inculquée à travers les attributions d'étiquettes et de statuts (identité pour autrui) et acceptée et intériorisée à travers le sentiment d'appartenance. Il y a donc derrière la construction de ces sites internet, une question de modèle, de norme. C'est comme si les concepteurs qui pour la plupart vivent en Europe essayaient de sortir des cadres qui leurs sont imposés pour entrer dans des modèles qu'ils considèrent comme vertueux ou pouvant inspirer le Respect de leur être. C'est donc à la fois une déception du cadre de vie actuel et un besoin de se construire suivant des repères adaptés à leur identité qui animent ces sites. Mais la société qu'ils se construisent est bien entendu idéale parce qu'elle est constituée d'un ensemble de figures présentées comme formant une communauté, une communauté qui n'est que virtuelle. Le syncrétisme est apparent, c'est comme si soudain, tout ce qu'on avait prévu est confronté à des logiques sociales, économiques voire technologiques qui fixent d'autres limites à l'expression et qui ramènent sur terre les créateurs de sites et les internautes.

NTIC ET DYNAMIQUES SOCIALES EN AFRIQUE : L'EXEMPLE DU TELEPHONE PORTABLE AU CONGO-BRAZZAVILLE

DIBAKANA Jean-Aimé

La globalisation occupe aujourd'hui une place importante dans la réflexion sur le devenir des sociétés. L'une des questions consiste à savoir comment elle impacte sur les cultures [et sur la communication au sein des différentes sociétés].

Ces questionnements sont certainement encore plus pertinents dans les espaces où l'écart entre les valeurs véhiculées par [les outils de] la globalisation et celles contenues dans les cultures locales est le plus important ; ou encore dans les espaces où les outils de la globalisation ne peuvent avoir le même « ancrage » qu'en Occident du fait de l'absence, de l'insuffisance ou de l'inefficacité de certains équipements indispensables à leur fonctionnement (réseau filaire ou réseau électrique par exemple). C'est le cas de l'Afrique subsaharienne en matière de NTIC (notamment l'ordinateur et le téléphone portable) qui, entre autres, ont été conçues pour être des *outils individuels* alors que les sociétés africaines sont plutôt communautaires et qui sont des *outils coûteux* alors que la majorité des Africains est plutôt économiquement défavorisée. A cela on peut ajouter que ces outils nécessitent des *équipements spécifiques* (réseau filaire - pour l'accès à internet -, installation électrique, etc.) alors que le continent africain est techniquement sous-équipé (par exemple la grande majorité des Africains ne dispose ni d'électricité ni de téléphone fixe chez elle, et même lorsqu'elle en dispose, ceux-ci ne sont pas toujours fonctionnels : « délestage », « panne», etc.). Enfin, ces outils *nécessitent des aptitudes spécifiques* (savoir lire, savoir écrire par exemple), alors que l'illettrisme et l'analphabétisme sont très répandus sur le continent, notamment dans les couches sociales les plus défavorisées, etc.

Tout ceci conduit à des situations inédites, à des dynamiques sociales qui, non seulement n'étaient pas prévues par les concepteurs de ces outils, mais qui, en plus, n'auraient probablement pas pu s'observer dans les sociétés occidentales [où ils sont conçus].

Le téléphone portable est dans ce sens exemplaire. En effet, depuis son projet d'acquisition jusqu'à ses usages, en passant par les rôles [autres que communicationnels] que lui font jouer les populations, le téléphone portable a donné naissance à des dynamiques sociales inédites qui, par ailleurs, font bien apparaître les liens entre « culture », « communication » et «globalisation » et qui peuvent permettre de mieux « lire » les sociétés africaines contemporaines. Nous voulons ici expliciter quelques unes de ces dynamiques.

Lorsqu'on traite de l'impact des NTIC en Afrique, au minimum deux démarches sont possibles. Soit l'on s'intéresse à la façon dont elles transforment les « institutions », les entreprises, l'économie, etc., et ici la démarche est généralement *macro*. Soit l'on s'intéresse à leur impact sur les comportements des acteurs élémentaires, des individus dans leur vie quotidienne, et ici la démarche est plutôt *micro*. C'est dans la deuxième option que nous inscrivons nos travaux : notre démonstration s'appuie sur des données recueillies au cours d'enquêtes qualitatives (observations, entretiens, analyse événementielle...) menées au Congo-Brazzaville depuis une dizaine d'années.

Pour expliciter ces dynamiques, il paraît d'abord nécessaire de souligner la spécificité des NTIC en Afrique avant d'évoquer les dynamiques qu'elles ont créées dans la *stratification sociale*, dans la *production de la vie intime et amoureuse*, dans les *rapports de genre* et dans l'*affaiblissement du contrôle social des aînés sociaux*.

Les NTIC en Afrique subsaharienne : un contexte particulier

Les nouvelles technologies de la communication et de l'information (NTIC) se sont installées en Afrique subsaharienne dans un contexte social et économique particulier pouvant se résumer à trois aspects. D'abord *la paupérisation généralisée,* largement induite par des économies fragilisées et par les programmes d'ajustement structurel, aggravée par une détérioration de l'état sanitaire générale (avec l'accroissement du sida) et par les guerres civiles. Donc un contexte économiquement défavorable à leur acquisition. Le second aspect concerne *le sous-équipement et l'état des infrastructures* électriques et téléphoniques indispensables au fonctionnement des NTIC. Alors qu'en Occident, ces dernières ont été introduites de façon progressive, proportionnellement aux avancées technologiques, en Afrique il est courant de rencontrer des possesseurs de téléphone portable n'ayant pas à leur domicile l'électricité nécessaire à son fonctionnement (la recharge de la batterie), ou encore des personnes ayant la possibilité d'acquérir un ordinateur mais n'ayant pas à disposition ni le réseau filaire ni l'électricité indispensables pour le faire fonctionner ou pour se connecter à internet. Enfin, viennent *les pratiques*. Alors qu'en Occident ces technologies se sont installées de façon graduelle dans les pratiques sociales (chez la plupart des utilisateurs, leur usage a souvent été précédé par celui du téléphone fixe - pour le téléphone portable - ou d'un ordinateur, voire d'une machine à écrire - pour internet), sur le continent noir, il est courant de rencontrer des possesseurs de téléphone portable ne s'étant jamais servis d'un téléphone fixe auparavant, ou encore des utilisateurs d'internet, n'ayant jamais eu de contact avec un ordinateur, voire avec un clavier de machine à écrire. Bref, les NTIC sont arrivées en Afrique noire dans une sorte de « contexte non préparé » à les accueillir, donc un milieu où elles n'avaient pas de grandes chances de se développer, un terrain qui a globalement pour effet de renforcer la « fracture numérique ». En tous les cas, un contexte où leur appréhension ne pouvait être que particulière.

A ce qui précède, il faut ajouter la nature des sociétés africaines, traditionnellement communautaires et très hiérarchisées. Or les NTIC (le téléphone portable et l'ordinateur notamment) semblent par nature « individualisantes » : elles nécessitent une relation personnelle, individuelle avec l'utilisateur : on est (censé être) seul devant son ordinateur, seul avec son téléphone portable, on (est censé) entre (é) en contact avec qui on veut quand on le veut (on peut refuser des conversations, ne pas répondre à des mails, sélectionner ses interlocuteurs...), le numéro de téléphone est personnel, etc. Ces nouvelles technologies nécessitent véritablement une « individualisation de la relation à autrui ». Par ailleurs, certaines NTIC sont conçues pour être un prolongement du corps, c'est le cas du téléphone portable qui a la particularité de ne pas être rattaché à un lieu mais au corps de son détenteur, faisant partie de son intimité comme une « autre » partie de son corps, comme un « prolongement de soi ». Ce qui conduirait à une redéfinition du rapport à soi (et aux autres).

Nous avons choisi de nous intéresser aux dynamiques induites par le téléphone portable parce qu'il est actuellement la NTIC la plus répandue en Afrique, parce que les usages qu'il suscite sont plus facilement observables, et parce que, comme l'a signalé Patrice Flichy (Flichy, 1998), l'on ne peut pas séparer le téléphone portable des pratiques sociales dans lesquelles il s'insère : son usage ne constitue pas une activité en soi, mais est toujours inséré dans des activités familiales, amicales, amoureuses, commerciales ou professionnelles. Aussi voulons-nous ici aborder le téléphone portable non pas comme un banal objet de consommation mais comme un outil producteur d'usages, de contenus, de représentations et de comportements sociaux (Jauréguiberry, 2003) qui permettent d'avoir une meilleure connaissance d'une société donnée. Les dynamiques les plus observables créées par le téléphone portable sont celles induites dans la stratification sociale, faisant apparaître les jeux de pouvoir et de distinction dans l'espace social.

Téléphone portable et dynamiques de distinction

Comme cela s'est passé en Occident, en Afrique noire également le téléphone portable a été « d'abord considéré comme un gadget de luxe dont la consommation révélait un niveau de vie confortable et dont la technologie garantissait un temps d'avance à ceux qui voulaient être à la pointe du progrès et de la mode » (Gonord, Menrath, 2005). Et à propos de mode, l'Afrique constitue à certains égards un terrain particulièrement fertile aux observations, grâce au phénomène de la « Sape » qui consiste à porter des vêtements, des chaussures et des accessoires vestimentaires coûteux et signés des grands couturiers, chausseurs et grandes marques célébrés sur la place de Paris (J. M. Weston, Pierre Cardin, Christian Dior, etc.) et de les exhiber avec ostentation[13]. Ce phénomène est notamment observable dans les deux Congo et en Côte d'Ivoire.

Le téléphone portable qui est justement « portable » comme l'est le vêtement, élément central dans la Sape semble bien définitivement rentré dans la liste des objets à détenir (et à exhiber) pour être « à la mode ». Cet outil a donc d'abord été considéré comme un gadget de luxe. Les imaginaires sociaux étaient renforcés dans ce sens non seulement par la publicité mais aussi par la réalité. En effet, comme en Occident, ici aussi, dans les publicités, le détenteur de téléphone portable a d'abord été assimilé au cadre ou au chef d'entreprise dynamique, c'est-à-dire au « dominant ». Au quotidien, les choses ne se présentaient pas si différemment : les premiers détenteurs de téléphones portables ont effectivement d'abord été « Ceux qui ont un peu », les « BT », et les « TBT »[14], c'est-à-dire les « Gens d'en haut » ; tout au moins les personnes jouissant de revenus confortables. Conscients de l'avance que leur donnait cet outil sur les membres des autres strates sociales, ces rares consommateurs d'alors en jouaient, en profitant par ailleurs d'un avantage inédit qu'il leur offrait : être *vus* et *entendus*. Comme l'ont souligné A. Gonord et J. Menrath (*op. cit.* : 150), le téléphone portable donne la garantie non seulement d'être vu, mais aussi d'être entendu, donc « une double assurance de se faire remarquer ». La qualité de cette technologie étant en évolution constante[15], il est probable qu'ici aussi « la difficulté à capter le correspondant impliquait de parler haut et fort, mettant tout le monde au courant de sa conversation dans un rayon de 5 m au minimum ! » (*ibid.*). Tout cela rendait visibles des nouvelles formes de communication à travers une scénographie et une gestuelle qui prenaient place n'importe où devant un public de hasard. Le téléphone portable était alors (il l'est encore) un important outil de stratégie de mise en scène de soi.

On peut supposer que les usages du téléphone portable des « Gens d'en haut » - malgré leurs « imperfections » - étaient considérés par les « Gens d'en bas » comme ceux à adopter : il n'y avait pas de « contre-exemples ». Dans son analyse du processus de civilisation en Occident, N. Elias a montré comment les

---

[13] Pour plus d'informations sur ce phénomène, on lira avec profit D. Gandoulou (1989).

[14] « Ceux qui ont un peu », « BT » et « TBT » sont des appellations attribuées aux personnes situées dans les strates sociales les plus élèves. « BT » signifie « Bien Traité » ; TBT : « Très Bien Traité ». Dans la théorie marxiste, ces personnes peuvent être assimilées aux « Bourgeois ».

[15] Par exemple, les téléphones portables d'aujourd'hui offrent, sans nul doute, une meilleure qualité d'écoute à celle de leurs « ancêtres ».

pratiques de la noblesse finissaient par s'instituer en « normes », d'abord pour la classe bourgeoise puis pour les classes populaires (Elias, 1973). Il semble bien que nous soyons proches d'un processus similaire. D'ailleurs, certaines « Stars », considérées - pour leur mode de vie - comme des « Gens d'en haut » ou se considérant comme tels, se sont clairement fait les porte-parole d'une sorte de « civilité téléphonique », de « savoir-téléphoner » ou de « savoir-vivre téléphonique ». C'est le cas de Koffi Olomidé, l'un des musiciens les plus visibles sur les chaînes de télévision, qui y apparaît régulièrement muni d'un téléphone portable, mimant des conversations et chantant des textes comme « *moto a lobeli yo 'allô', zonguisa yé 'oui'* » (« lorsque ton correspondant dit 'allô', tu dois répondre 'oui' ») ou encore « *bayokaka répondeur ya moto té* » (« il ne faut pas écouter le répondeur d'un téléphone qui ne t'appartient pas »)...

Selon Pierre Bourdieu, la domination symbolique de la classe bourgeoise (ici nos « Gens d'en haut ») s'explique aussi par la « bonne volonté culturelle » des membres des classes dominées, leur « habitus de classe » aurait incorporé la supériorité de la classe dominante ; d'où un aveuglement structurel des membres de la classe dominée par rapport à leur propre situation de dominés (Bourdieu, 1979).

Dans le cas qui nous intéresse, on peut penser que les « Gens d'en bas » trouvaient « légitime » que « Ceux qui ont un peu », que « les Gens d'en haut », soient les premiers à être détenteurs du téléphone portable, aussi les imitaient-ils facilement lorsque vint leur tour d'en être possesseurs. Quoi qu'il en soit, au delà de son aspect utilitaire, le téléphone portable permet à ses détenteurs de se situer socialement, il remplit d'abord des fonctions de *distinction sociale.*

La situation n'a pas changé : le téléphone portable permet toujours à ces détenteurs de se situer socialement. Les choses sont ici encore plus expressives si l'on souligne que beaucoup de « Gens d'en haut » passent régulièrement dans les médias, notamment à la télévision. Ils sont donc régulièrement « vus » par les « dominés ». Ces faits montrent bien que le téléphone portable devient un langage social.

Solola bien ! Le téléphone portable comme nouveau langage social

Le langage est la faculté de mettre en œuvre un système de signes linguistiques[16] permettant la communication et l'expression de la pensée. Tout pousse à croire que le téléphone portable en Afrique noire joue ce rôle : s'il permet effectivement la communication, il est lui-même *déjà* un message, un signe Jean Baudrillard a montré que les objets sont d'abord des « signes » avant d'être techniques ou pratiques (Baudrillard, 1973). Pour exemple, lors de la première phase de son expansion[17], dans les deux Congo, le nom attribué à ce

---

16 Le signe linguistique est formé par la réunion d'un « signifié » et d'un « signifiant » (le système de signes linguistiques constitue la langue).

17 Période que nous situons entre 1998 et 2002.

média par les populations était particulièrement évocateur, cette appellation est encore d'actualité. Le téléphone portable avait été baptisé « *Solola bien !* », terme lingala-français pouvant se traduire par « exprime-toi bien », « parle correctement », « sers-toi d'un langage accessible à tous » ! - comme on l'*exigerait* d'une personne dont on ne saisit pas les propos (remarquons que « solola bien ! » n'est pas un « gentil » conseil mais un impératif, un ordre). Autrement dit, pour être compris, pour participer à une relation sociale, *pour exister*, il *faut* « solola bien ! », c'est-à-dire avoir un téléphone portable. Le « téléphone portable - solola bien ! » devient ainsi une sorte de *décodeur* incontournable sans lequel on ne peut communiquer avec autrui dans l'espace social, c'est un langage social. Dans cette hypothèse, cet outil viendrait donc remplir un besoin biologique : l'aptitude au langage, et un besoin social : l'aptitude à communiquer. Dès lors, seuls les consommateurs de téléphone portable deviennent les « véritables » et « seuls » acteurs de la vie sociale.

Il a déjà été montré que la consommation pouvait être un facteur d'inclusion et d'exclusion sociales. Etre exclu de la consommation c'est se vivre comme exclu de la société (Halbwach, 1912). Il ne s'agit donc plus simplement d'être détenteur d'un téléphone portable, il faut *faire savoir* qu'on en est détenteur, comme on montre qu'on sait user correctement d'un langage sans commettre de fautes. Le simple fait d'en être détenteur apparaît comme un message : « j'existe ! ». Aussi reste-t-il très commun dans ces pays de porter son téléphone portable *bien en vue sur soi.* En 2002, la grande majorité des personnes rencontrées préféraient le porter à la main, au lieu de le mettre dans une poche ou dans un sac. Aujourd'hui encore, on rencontre ce type de cas, de même qu'on voit toujours des automobilistes qui, dédaignant tous les endroits disponibles à l'intérieur de leur voiture, l'accrochent carrément à la vitre d'une des portières avant. D'autres personnes le portent autour du cou comme on porterait une médaille ou l'accrochent à leur chapeau comme le mineur accroche sa lampe à son casque... Et que dire de cette pratique courante consistant à faire sonner son téléphone portable par un complice à un moment précis, où l'on se trouvera dans une situation volontairement recherchée (à une fête, lors d'un rendez-vous galant, etc.), et où l'on ferait semblant de parler à son correspondant alors que personne ne serait plus à l'autre bout du fil : le principal but recherché étant simplement de faire savoir à « son public » qu'on est possesseur d'un téléphone portable ! Ou encore de celle consistant à utiliser un téléphone portable factice et de mimer des conversations avec des interlocuteurs imaginaires devant un « public ».

Ces faits ne sont pas propres à l'Afrique : F. Jauréguiberry signale qu'en 1996, en Italie, environ 10 % de téléphones portables étaient factices, « seule l'apparence importait ; il fallait être vu avec ! ». Le même auteur signale que ces faits ont également été observés en France (*ibid*). On est véritablement dans « ce réel sans réalité », dans ce « simulacre » qui devient le réel même (J. Baudrillard, 1970). Ces situations sont, à notre avis, exacerbées dans les sociétés très inégalitaires, celles dans lesquelles les écarts sociaux sont les plus importants. Pour montrer leur intégration sociale, les individus usent de ce type de stratagème. Dans cette perspective, le téléphone portable permet de comprendre comment les individus se construisent en sujet. Ce qui implique une restructuration des identités, donc de l'intimité et de la vie privée.

Téléphone portable, intimité et vie amoureuse

Lorsqu'on interroge les personnes sur la raison principale pour laquelle elles ont acquis un téléphone portable, il apparaît nettement que les raisons familiales et les raisons professionnelles sont les moins évoquées. L'idée première est plutôt de pouvoir « joindre les amis et être joignable par eux ». Généralement, cette justification couvre d'un voile pudique les relations amoureuses : les « petits(es)-amis(es) », les maîtresses et autres amants.

Si les hommes sont peu bavards sur la question, de nombreuses femmes admettent que leur téléphone portable leur a été offert par leur amoureux, qu'il s'agisse d'hommes déjà mariés ou non (bien que la polygamie soit légale, le phénomène de « deuxième ou troisième bureau »[18] est très répandu). A ce sujet, des rumeurs insistantes circulent sur les « kamoukés », « seizièmes », « fioti-fiotis » et autres « gnon-gnons », ces jeunes filles à peine sorties de l'adolescence qui, dit-on, ne reculeraient devant rien pour séduire [ou se laisser séduire par] les hommes d'âge mûr jouissant de revenus confortables. Sa nature de gadget incontournable de la « mode » et sa fonction de « langage social » poussent ces jeunes filles à tous les compromis pour acquérir un téléphone portable - on entend même dire que leur offrir ce média ou une carte de recharge[19] suffit pour avoir d'elles ce que l'on désire...

Les hommes y trouvent un double intérêt : si l'offre de téléphone portable à ces demoiselles entre effectivement dans leur « stratégie de séduction », elle leur permet aussi de mieux « gérer » leurs relations avec ces filles aux réactions parfois imprévisibles[20]. A cela, il faut ajouter que cet outil permet d'être informé de l'identité du correspondant (s'il fait partie du cercle intime), facilitant ainsi le filtrage : on peut refuser de répondre. Ce serait, entend-on dire, une aubaine pour les personnes ayant des relations intimes extraconjugales. De nombreuses personnes reconnaissent que cette fonction du téléphone portable leur a permis d'éviter bien de soucis avec leur époux (se).

---

[18]Avoir un « deuxième bureau » signifie avoir une maîtresse. Pour plus d'informations sur ce phénomène, on lira avec profit J.-A. Dibakana, 2008.

[19]Le système de « carte de recharge » reste le plus répandu, très peu de Congolais contractent un abonnement.

[20]Par exemple, elles arriveraient souvent inopinément chez leurs amants pourtant mariés (ou sur leur lieu de travail) lorsque cette démarche leur parait utile, faisant fi des conséquences.

Ces situations ne sont pas propres à l'Afrique. En France par exemple, F. Jauréguiberry (*op. cit.* : 30) rapporte comment un Allemand qui allait à Strasbourg[21] rencontrer sa maîtresse, faisait croire à son épouse qui l'appelait sur son téléphone portable durant le trajet qu'il était à Paris dans un taxi qui le conduisait à l'hôtel pour des raisons professionnelles…

Il est clairement apparu qu'au Congo-Brazzaville, quelle que soit la couche sociale considérée, cet outil a donné à ce type de relation un regain de discrétion et de force. C'est certainement dans le même sens qu'il faut lire ces témoignages recueillis sur d'autres terrains africains soutenant que le téléphone portable est venu « encourager la prostitution ». Quoi qu'il en soit, il est difficile de contester qu'il a largement facilité les rapports intimes extra-conjugaux. A propos des rapports de genre justement, leur étude a souvent souligné la « domination masculine » qui les préside. Cela serait encore plus vrai dans le cas de l'Afrique. Les usages du téléphone portable permettent-elles d'éclaircir cette question ?

Téléphone portable et nouvelles dynamiques dans les rapports de genre

Lors de notre première enquête de terrain (Dibakana, 2002), les hommes étaient nettement les plus nombreux à détenir un téléphone portable. Aujourd'hui le nombre de femmes détentrices de téléphone portable ne cesse d'augmenter et a l'air de se rapprocher de celui des hommes et même de le dépasser dans certains milieux. Cette situation peut paraître étonnante lorsqu'on considère le statut social « traditionnel » des femmes dans la société globale ainsi que leur réticence habituelle à se lancer dans les mêmes « aventures » que les hommes. En comparaison du fonctionnement social habituel, il ne serait pas exagéré de dire qu'il s'agit d'une première : généralement les Africaines sont peu enclines (ni traditionnellement éduquées) à « se comporter comme les hommes » dans l'espace public.

Et s'agissant des médias, l'on peut citer l'exemple du poste récepteur radio : alors que l'on a toujours vu les hommes en porter régulièrement sur eux dans l'espace public (rue, marché, train...) pour ne pas rater une émission, jamais (ou presque), on ne voit de femmes agir de même. Ce qui ne reflète pourtant pas un désintérêt des femmes pour ce média : elles restent friandes, encore plus que les hommes, de nombreuses émissions diffusées à la radio où l'on traite notamment des questions touchant à la maternité, aux relations de voisinage, à la cuisine, etc. Seulement, porter un poste récepteur radio sur soi est simplement considéré comme un comportement masculin (que les femmes ne doivent pas adopter).

Avec le téléphone portable, la donne est différente : comme eux, elles en sont détentrices. Ce changement est encore plus notable lorsqu'on souligne la

---

21 Rappelons que Strasbourg est la première grande agglomération française la plus proche de l'Allemagne.

nature même du téléphone portable : utilisable *n'importe quand, n'importe où* et dans *n'importe quelle circonstance.* Lorsqu'il sonne (ou vibre) par exemple, il s'agit de réagir rapidement où qu'on se trouve (décider de répondre ou non) et quoi qu'on fasse, on informe également les tiers (s'ils existent) de la décision prise, et même plus si on décide de répondre : on est écouté et on a conscience de l'être...

Comme partout, le téléphone mobile met *réellement* son utilisateur, lorsqu'il se trouve dans l'espace public ou même privé (lieu de travail, famille) dans une véritable situation d'*acteur :* il est sommé de jouer un rôle devant des « spectateurs », devant un public de hasard. E. Goffman a montré comment la vie sociale pouvait être considérée comme une *scène* avec ses acteurs, son public et ses *coulisses* (Goffman, 1973). On pouvait penser que cette « mise en scène de la vie privée » serait difficile (voire impossible) pour les Africaines qui, au regard de nombreuses coutumes, sont tenues à une grande réserve, notamment en matière de prise de parole en public, *surtout lorsqu'il est question de parler de leur vie privée* ! Déjà sur ce point, le téléphone portable est sans nul doute venu bousculer les règles sociales, car il reste certain que lorsqu'on parle au téléphone dans l'espace public, on transforme cet espace, ne fusse que momentanément, en espace privé...

Toutefois, il faut souligner qu'en réalité *ce processus reste généralement sous le contrôle des hommes, tout au moins ceux-ci aspirent-ils (ou pensent-ils) en avoir le contrôle.* En effet, comme cela a été noté ailleurs (Rakow, Navarro, 1993), la possession de ce média par les femmes est souvent le fait des hommes comme nous l'avons déjà indiqué. Si leur offre de ces téléphones aux femmes remplit les fonctions déjà signalées (distinction, frime, séduction, contrôle...), elle remplit également une fonction importante : valoriser les hommes.

Les femmes ne semblent pas dupes de cette situation ainsi que le chante Mbilia Bel citée par J. Tonda : « *Tu m'as habillée, tu m'as soignée, tu m'as amenée partout, tout ceci, pour exhiber ton prestige, ton honneur* » (Tonda, 2005 : 200).

On est en quelque sorte dans cette « consommation déléguée » analysée par T. Velben dans l'Occident du XIXe siècle. Surtout si l'on souligne que dans les sociétés africaines également, plusieurs « tabous » liés à la consommation (notamment alimentaires) frappent les femmes : ici aussi la distinction sociale entre les hommes et les femmes est fondée sur une sorte de « continence consommatoire » des femmes ; consommer est ici aussi le signe du statut supérieur des hommes (Desjeux, 2006).

Dans tous les cas, tout ceci n'annule pas un fait majeur : *ce sont les femmes (seules) qui décident de l'usage* de leur téléphone portable, par exemple son utilisation ou non dans l'espace public. La majorité des femmes interrogées affirment répondre systématiquement lorsque leur portable sonne dans un espace où elles ne sont pas seules. Elles réussissent donc à s'affranchir des contraintes dans lesquelles souhaitent les maintenir les hommes. Toutes les femmes qui reconnaissent que leur téléphone portable leur a été offert par leur « homme » (et c'est la grande majorité) affirment en user à leur guise, parfois même au détriment de celui-ci : pour entretenir des rapports extra-conjugaux pour les femmes mariées ou vivant maritalement, tout au moins pour entretenir des liens avec d'autres hommes à l'insu du « fournisseur » de portable ou du « fournisseur » d'unités. Situation que le musicien Félix Wanzekwa résume bien dans une de ses chansons : « *mwasi a sengui yo unité, o sombeli yé unité, a zueli yo mbanda* [...] » (« Ta femme te demande de lui acheter des unités, tu achètes les unités et c'est grâce à ces mêmes unités qu'elle te trouve un rival et qu'elle entretient des liens avec lui...»)

On peut considérer que pour ces femmes, le téléphone portable devient véritablement « *une arme pour trouver sa place, pour réinventer son territoire* » (De Gournay, 1994 : 19). Il devient évident que le téléphone portable participe à la modification des rapports de genre, au profit des femmes.

Ces données peuvent être rapprochées de celles relatives aux mutations que le téléphone portable a apportées dans les relations « aînés-cadets sociaux ».

« Nouvelles tribus » et affaiblissement du contrôle social

Soulignons d'abord qu'au regard de l'âge, c'est entre 30 et 50 ans que la détention du téléphone portable est la plus importante. C'est donc, vraisemblablement, pendant la période active que cet outil a le plus de succès. Aussi l'un des éléments induit par le téléphone portable est-il la constitution de « nouveaux » réseaux, sinon la réactivation ou l'extension de ceux existant déjà. Nous l'avons vu, ce média n'est que très peu utilisé pour entretenir les réseaux familiaux (qui existent déjà et qui sont encore peu « technicisés »). En revanche de nouveaux types de réseaux ont vu le jour, de sorte de « nouvelles tribus » : celles des possesseurs de téléphone portable. Nous l'avons dit, très peu d'entre eux disposent en plus d'un téléphone fixe. Il apparaît que lorsqu'on possède un téléphone portable, les premiers correspondants seront souvent d'autres détenteurs du même outil de communication. Comme c'est encore le cas en Occident, il reste certainement dissuasif pour les « téléphonants » africains d'appeler le correspondant qui possède un téléphone portable à partir d'un téléphone fixe (opération plus coûteuse). De leur côté, les possesseurs d'un téléphone portable semblent plus enclins à appeler leurs correspondants, même si ceux-ci disposent également d'un téléphone filaire, en priorité sur leur portable pour augmenter les chances de les joindre. Ainsi, on s'appelle d'abord entre possesseurs de téléphone portable. Tout ceci favorise la création de ces nouvelles tribus ayant pour base le téléphone portable, le langage, les pratiques, les codes et rituels qui s'y rattachent : la frime, le texto, le bipage, le vocabulaire[22]... Comme l'a signalé M. Maffesoli, la constitution des tribus « se

22 - La « frime » : une façon de se donner en spectacle que seul permet le téléphone

fait à partir du sentiment d'appartenance, en fonction d'une éthique spécifique et dans le cadre d'un réseau de communication » (Maffesoli, 2000 : 245).

On peut par ailleurs aisément convenir que comme toute tribu, celles constituées autour du téléphone portable créent des exclus : lorsqu'on n'en est pas détenteur, on ne peut être membre. Au regard de l'organisation sociale, il apparaît que les premiers à en être exclus sont les « aînés sociaux », notamment les « chefs de famille »[23]. Agissant souvent au sein d'un « collège des sages » (composées généralement de personnes les plus âgées de la parentèle), il est en quelque sorte le « décideur » principal du lignage (ou segment de lignage). Or, nous l'avons dit, la possession du téléphone portable semble inversement proportionnelle à l'âge vers 55 ans : plus on se situe au dessus de cet âge, moins on en est possesseur. Le chef de famille et les membres de son « collège » ne sont presque jamais équipés de cet outil : ils ont souvent plus de 55 ans. Cet aspect peut être lié à celui relatif aux aptitudes nécessaires à l'usage d'un téléphone portable : une utilisation efficace de cet outil nécessite de savoir lire, or c'est chez les « plus de 55 ans » qu'on rencontre justement le plus d'analphabètes et d'illettrés en Afrique... En tout cas, la conséquence principale de cette non-possession du téléphone portable par les aînés sera l'affaiblissement de leur contrôle social sur les plus jeunes. En effet, constamment en liaison entre eux grâce à leur téléphone portable, ces jeunes se permettent de plus en plus de prendre des initiatives qu'ils n'auraient pas eu « le droit » de prendre (au regard des coutumes) : organiser les cérémonies de funérailles, fixer les taux de cotisation, etc.

Même si la position des anciens restera indispensable pour l'application des décisions prises par les jeunes, ces aînés peuvent être mis en minorité ou être « court-circuités » ; les cadets peuvent élaborer des stratégies pour basculer dans leur « camps » certains aînés influents. *In fine*, c'est des cadets qu'émergera l'idée retenue et appliquée... Ainsi les « personnes âgées », parce qu'elles ne sont généralement pas détentrices de téléphone portable, sont exclues des « tribus » qui se constituent autour de ce média, tribus qui inventent et fonctionnent selon des nouvelles logiques sociales qui priment sur les coutumes ou obligations familiales. Situation qui a pour effet d'affaiblir le contrôle que les aînés sont censés exercer sur les plus jeunes. Cela participe plus largement à un effondrement des valeurs ancestrales et au processus d'individuation. Le

---

portable ;

- le « texto » : langage propre aux usagers du téléphone portable ;
- le « bipage » : moyen propre aux usagers du téléphone portable ;
- le « vocabulaire » : « je t'ai envoyé un *texto...* », « *bipe*-moi... », « je n'ai plus d'*unités...* », etc.

[23] En Afrique, chaque famille étendue a un chef de famille, généralement l'oncle le plus âgé. Véritable régulateur social de cette institution, il veille à sa cohésion.

téléphone portable participe incontestablement à la modification des rapports de pouvoir entre aînés et cadets sociaux (en faveur des cadets).

Conclusion

Comptant parmi les principaux outils de la globalisation, le téléphone portable nous apprend beaucoup sur l'impact de ce phénomène sur les sociétés africaines. Il s'avère par exemple clairement que la globalisation n'est pas à lire comme un phénomène linéaire se propageant d'un « centre » vers une « périphérie », d'une « culture dominante » vers des « cultures dominées », ni comme un phénomène entraînant une uniformisation des comportements et des cultures à travers la planète. Même si les objets et les valeurs qu'elle véhicule prennent majoritairement naissance en Occident, ceux-ci ne sont pas passivement assimilés par les « sociétés d'ailleurs ». Au contraire : ces dernières les « retravaillent », les « ré-inventent », se les « ré-approprient » selon diverses modalités en lien étroits avec les contextes locaux. Situations qui aboutissent à des *phénomènes composites, hybrides* comme nous venons de le démontrer. Ces données montrent toute la complexité du fonctionnement des sociétés, notamment en matière de réaction aux influences externes. Surtout qu'il s'agit dans le cas qui nous a intéressés ici d'un secteur particulier, celui de la communication.

Inversement, il apparaît indiscutable que la globalisation « retravaille » en profondeur les sociétés [et les cultures] ; participe à des reconstructions identitaires ; conduit à de nouveaux réseaux qui fonctionnent comme de nouveaux « territoires culturels ».

GLOBALISATION ET ETHNODISCURSIVITE MEDIATIQUE LE CAS DES DEPARTEMENTS FRANCAIS D'AMERIQUE

ANTIOPE Nathalie

Face aux processus de mondialisation et d'internationalisation des biens culturels, des économies et des mouvements migratoires, des revendications et réaffirmations identitaires « localistes » et localisées ressurgissent avec force qu'elles soient ethniques, religieuses, communautaires ou régionales. Comme le souligne Dominique Wolton, *« plus les individus circulent, s'ouvrent au monde, participent à la modernité et à une sorte de* culture mondiale, *plus ils éprouvent le besoin de défendre leurs identités culturelle, linguistique, régionale»* (Wolton, 2003 : 23). Dans le cadre de cette communication nous apporterons des éléments de compréhension des enjeux que sous-tend ce lien dialectique entre le développement d'une culture mondialisée d'une part, et le revivalisme de localismes culturels et identitaires d'autre part, au sein d'une aire géographique singulière : la Caraïbe, et plus particulièrement dans les Départements français d'Amérique (DFA) que sont la Martinique et la Guadeloupe. Ainsi, alors que certains discours médiatiques se réfèrent et/ou prennent leur source dans un « Ailleurs », d'autres s'inscrivent dans un « Point Ici »[24], et c'est ce double mouvement d'ouverture et d'enracinement qui organise la discursivité médiatique des DFA. Notre propos s'intéressera plus précisément aux discours radiophoniques de la radio privée insulaire *Radio Caraïbes International* produits au sein de ces espaces singuliers, en tant qu'ils figurent les expressions de particularismes et d'une conscience identitaires. Dans ce processus, nous pensons que les interactions des dimensions médiatique, territoriale, culturelle et linguistique au sein d'une formation humaine donnée participent à l'élaboration d'un certain type de modalités de production discursive que nous avons identifié comme étant des *ethnodiscours ;* manifestations médiatiques d'un sentiment d'appartenance spécifique et des représentations sociospatiales, socioculturelles et sociolinguistiques que celle-ci

[24] Concept forgé par Abraham Moles et Elizabeth Rohmer.

sous-tend. Il s'agit d'implicites codés, d'implicites communautaires d'interconnaissance (car supposés partagés) dont l'intelligibilité suppose la mise en œuvre de processus inférentiels de la part des récepteurs-colocuteurs des programmes radiophoniques.

Ainsi, après une présentation du cadre de recherche auquel est circonscrite notre problématique, nous nous attacherons à mettre en lumière l'émergence, dans un contexte de mondialisation croissante des expressions culturelles et dans le champ radiophonique des Départements français d'Amérique, de processus discursifs de localisation des énonciations culturelles et identitaires que figurent un ensemble d'ethnodiscours territoriaux, culturels et linguistiques.

Spécificité(s) de la recherche

La présente communication s'inscrit dans un projet de recherche plus large qui appréhende et questionne le système holistique que forment une identité culturelle caribéenne fantasmée, des territoires ultrapériphériques - les Départements français d'Amérique - et, enfin, des médias infranationaux insulaires et en particulier la radio. Il s'agit de poser l'hypothèse d'une identité caribéenne mythique et symbolique (dans le sens où cette identité culturelle est le précipité de représentations à la fois sociales et collectives) qui n'a de réalité que discursive – et donc, dans la perspective qui nous intéresse ici, médiatique- ; et de se demander, conséquemment, comment cette identité « imaginée » se manifeste-t-elle et s'exprime-t-elle au sein des médias locaux. Selon nous, il n'est possible de comprendre la matrice d'élaboration d'une conscience identitaire qu'en pensant les dimensions culturelle, médiatique et territoriale intriquées. Influencée par le paradigme sociologique constructiviste, notre approche est basée sur le postulat qui consiste à n'admettre de réalité sociale que construite, et en conséquence, de discours médiatique que construit.

Des territoires insulaires comme terrains de recherche

Cette réflexion est motivée et sous-tendue par un triple objectif. Le premier est de mettre en lumière des départements très peu étudiés et analysés (voire délaissés) par la recherche en Sciences de l'information et de la communication : des territoires insulaires, régionaux et infranationaux. Il convient donc de placer au centre de l'analyse les concepts de région, de localité et de proximité, mais aussi d'insularisme et d'îléité, et de « décentrer » en quelque sorte le regard. Il s'agit aussi de s'intéresser à des sociétés insulaires franco-caribéennes postcoloniales traversées par de fortes tensions sociales, ethniques voire raciales, stigmates de la période esclavagiste et coloniale qui a façonné ces territoires et identités qu'ils sous-tendent ; des sociétés télescopées entre tradition et modernité, des espaces réticulaires structurés selon la dialectique mobilité/enracinement. Et plus largement, il s'agit de considérer les spécificités ethnosocioculturelles de la région Caraïbe que certains auteurs qualifient de « complexe régional caribéen » dans le sens où elle peut être définie comme une région composite et plurielle caractérisée par la diversité des particularismes insulaires et locaux ; une mosaïque culturelle et sociologique. Cette *Méditerranée de la Caraïbe* formée par la Mer des Caraïbes et le Golfe du Mexique (qui comme la Méditerranée européenne est une mer au milieu des terres) malgré son apparente diversité (linguistique, ethnique, institutionnelle, politique etc.) constitue une entité cohérente que nombre d'auteurs anglo-saxons qualifient de *« one caribbean »*.

Par ailleurs, dans les départements français que nous avons choisis comme terrains d'étude, les définitions du monde et de l'homme antillais contemporains n'ont cessé d'évoluer depuis le milieu des années 1950. D'une revendication en termes de négritude dans les années 1930 qui se focalisait essentiellement sur la composante « nègre » de ces sociétés caribéennes particulières, nous sommes passé à la revendication d'une Créolité supportée par des processus de créolisation, plus englobante et plus large qui, elle, comprend et transcende toutes les composantes ethniques et linguistiques présentes dans la région. Aussi, d'une conception *culturelle*, nous sommes passés à une conception *interculturelle* de l'identité caribéenne. Et une telle transfiguration n'a été possible que par un réinvestissement, ou plutôt un réenracinement dans son espace géographique immédiat (la Méditerranée caribéenne) de la quête et l'affirmation identitaires des départements insulaires français. Car c'est dans la relation et dans la *Rencontre*[25] que l'identité se configure et se reconfigure en permanence. Dès lors s'esquisse en filigrane, comme nous l'avons évoqué plus haut, la théorie de la créolisation chère au philosophe martiniquais Édouard Glissant qui suppose l'existence d'une identité créole commune à tous les habitants de l'aire Caraïbe.

Le média radiophonique comme objet d'étude

Le second objectif de notre questionnement est de mener une étude sur le média radio des DFA en tant qu'objet social et par conséquent en tant que vecteur de représentations sociales, territoriales, identitaires, d'idéologies et d'imaginaires. En effet, dans cette perspective, il apparaît que les médias, et en particulier la radio, jouent un rôle prééminent dans les mécanismes de publicisation des définitions culturelles et identitaires. Et dans ces sociétés de l'oralité, la radio, apparue à la fin des années 1930, occupe aujourd'hui encore une place centrale - et même première- parmi l'ensemble des médias audiovisuels. L'apparition des radios privées locales au début des années 1960, dont *Radio Caraïbes International* - celle que nous avons choisie pour notre réflexion- est la figuration archétypale[26]. Ces radios, à leurs débuts pirates et

---

[25] Le modèle de la Rencontre a été élaboré par les anthropologues Sidney Mintz et Richard Price, il se destine à théoriser la culture noire du Nouveau Monde en termes de création nouvelle élaborée en discontinuité avec la culture africaine.

[26] Notre corpus d'étude – une quarantaine d'heures de programmes- est constitué d'émissions interactives « Ca vous concerne » (Martinique) et « Bien dans la vie »

périphériques et qui émettaient à partir des îles avoisinantes de Sainte-Lucie, de la Dominique, ou de Montserrat, puis autorisées avec le mouvement de libéralisation des ondes en 1981 ont rencontré un succès immédiat en adoptant le créneau de la « proximité », de la localité, laissé vacant par la radio publique alors dépendante de la délégation outre-mer de l'ORTF. L'émergence des radios privées locales dans les Départements français d'Amérique et le souffle nouveau et inédit de proximité et de localité (géographique, linguistique, culturelle etc.) qu'elles sous-tendent a conduit progressivement à un mouvement de valorisation du territoire, de l'identité, du passé historique et du patrimoine culturel et linguistique propres à l'espace caribéen ; et par conséquent d'une Caribéanité et/ou d'une Créolité (re)construites et (ré)inventées.

La communication infranationale comme terrain d'analyse

Sous-jacent aux deux objectifs précédents, le dernier consiste en la valorisation de l'étude des *mésocommunications* et *microcommunications* (pour reprendre l'expression de Pierre Musso) en tant que lieux de refondation, de réenracinement et de reconstruction identitaire, et le rôle des *médias en régions*[27]. Il convient de saisir les singularités de l'inscription territoriale des médias dans un territoire insulaire où l'espace et les références qui lui sont inhérentes telles que l'insularisme ou l'archipélisme imprègnent les représentations culturelles et identitaires qui circulent dans les espaces publics sociaux et médiatiques. Dans ce contexte, plusieurs interrogations émergent : Quelles sont les spécificités de la radio privée locale des Départements français d'Amérique ? Et comment prend-t-elle en charge la problématique de l'identité culturelle, de la caribéanité ? Quelles représentations socioculturelles et socioidentitaires contribue-t-elle à construire ? Et quelles sont celles qui y sont déployées et qui innervent sa discursivité ?

Si l'essor de la société de l'information et de la communication n'a évidemment pas épargné les départements français de la Caraïbe, les mésocommunications et microcommunications, en tant qu'expressions culturelles alternatives aux phénomènes contemporains de globalisation, se présentent comme des cadres de (re)construction identitaire. Aussi, dans les espaces insulaires français de la Caraïbe, les médias infranationaux sont une des composantes majeures de la dynamique de construction identitaire et culturelle, et notamment la radio, média le plus pratiqué en Martinique et en Guadeloupe, comme en témoignent les chiffres de la dernière étude de l'institut Métridom[28]

(Guadeloupe) diffusées sur la radio privée des Départements français d'Amérique Radio Caraïbes International ; émissions que nous avons enregistrées entre le 15 et le 26 janvier 2007.

27 Nous ne parlons pas ici de médias régionaux dans la mesure où un média circonscrit à un espace régional n'est pas viscéralement et nécessairement un média régional ; il n'est pas nécessairement en prise avec les préoccupations des acteurs sociaux de cet espace.

28 La durée d'écoute moyenne quotidienne de la radio dans les Départements français

pour l'année 2007. En effet, les radios infranationales se revendiquant de la « proximité » occupent une place prééminente au sein de ces sociétés de l'oralité : elles sont les partenaires incontournables et actifs de la vie et des expressions culturelles, économiques et sociales locales. En tant qu'objet social, nous soutenons l'hypothèse que la radio est une forme particulière de traduction des rapports sociaux et des définitions identitaires en représentations culturelles. Autrement dit, elle est l'expression médiatisée de la configuration et de la reconfiguration permanente des catégories de la réalité sociale produite par les acteurs sociaux et porteurs de culture. Dans cette perspective, dans l'espace public médiatique insulaire, aux côtés des imaginaires et des énonciations déterritorialisés, car issus des industries culturelles internationalisées et donc transnationales, circulent des images et des discours qui, eux, s'ancrent dans les territoires symboliques d'appartenance et d'élaboration des identités. A la confluence de plusieurs aires géographiques et culturelles, les sociétés de ces espaces ont cette particularité d'être plurielles, composites et fondées sur la *Relation*, et donc foncièrement ouvertes sur le monde. Aussi, ces sociétés insulaires franco-caribéennes postcoloniales sont télescopées entre tradition et modernité ; ce sont des espaces réticulaires organisés selon l'interrelation structurante de l'enracinement et de la mobilité.

Des représentations aux ethnodiscours

Le cadre de recherche étant posé, de manière succincte certes, mais contextualisante, il s'agit de voir comment ces trois pôles (média, identité et territoire) fonctionnent en milieu insulaire et surtout comment leurs interactions participent à l'élaboration de ce que nous avons identifié comme des ethnodiscours sociaux, manifestations médiatiques d'une conscience identitaire spécifique et des représentations que sous-tend cette dernière.

Ethnodiscours : éléments de définition

Notion élaborée à partir des concepts d'ethnotexte[29] et d'ethnogenre[30] informationnel. Nous concevons les ethnodiscours comme la traduction de représentations sociales (territoriales, historiques, linguistiques, identitaires etc.) en représentations culturelles médiatiques dans un cadre ethnosocioculturel donné. Ce sont des implicites codés, des implicites communautaires d'interconnaissance dont l'intelligibilité suppose la mise en œuvre de processus inférentiels de la part des récepteurs-colocuteurs des programmes interactifs de la radio privée locale. De ce fait, la radio, à travers ses discours, participe à la

---

d'Amérique est de 5 heures quand en France métropolitaine elle est légèrement inférieure à 3 heures.

[29] Concept développé en France par Jean-Claude Bouvier.

[30] Notion que nous devons à Jacky Simonin in Jacky Simonin, « Les ethnogenres informationnels », *Questionner l'internationalisation. Cultures, acteurs, organisations, machines,* XIVème Congrès SFSIC, 2-4 Juin 2004, Béziers, pp.145-151.

matrice de figuration d'une identité régionale mythifiée et surtout au maintien de cette élaboration fictionnelle ayant une puissance symbolique, idéologique et sociale. L'étude des énoncés radiophoniques de *Radio Caraïbes International* et notamment des émissions interactives de talk-show que sont *« ça vous concerne »* et *« Bien dans la vie »* diffusées respectivement sur RCI Martinique et RCI Guadeloupe nous a permis de mettre à jour un certain nombre d'énoncés itératifs singuliers qui, notamment lorsqu'ils ont trait aux dimensions culturelle et territoriale de l'identité, sont construits à partir de mythes et d'images qui supportent leur formation et leur sont inhérents. Précisons que ces discours émergent dans des « cadres d'interaction » - que figurent les émissions de talk-show - ; cadres qui leur sont immanents, cadres eux-mêmes soumis à des contraintes internes et externes. Car nous pensons que ces émissions interactives constituent, tout comme le cadre identifié par Erving Goffman, un cadre symbolique d'interactions sociales et conversationnelles. Dès lors, les représentations sociales produites en contexte induisent donc l'élaboration d'ethnodiscours, expressions médiatiques et médiatisées de ces représentations sociospatiales, sociolinguistiques et socio-culturelles. Il est important de souligner que ces ethnodiscours apparaissent et circulent dans les espaces publics médiatiques, et ont un pouvoir perlocutoire uniquement parce que les représentations sur lesquelles ils sont fondés sont supposées partagées par tous les membres d'une formation humaine. De l'analyse de notre corpus radiophonique transcrit, trois grands types d'ethnodiscours ont émergé : des ethnodiscours territoriaux, des ethnodiscours culturels et des ethnodiscours linguistiques.

Les ethnodiscours territoriaux

Les analyses de discours des programmes interactifs de *Radio Caraïbes International* ont permis la mise en exergue *d'ethnodiscours territoriaux* qui sont symptomatiques de la prégnance des références spatiales (réelles ou imaginaires) dans la formulation d'une conscience identitaire nécessairement ancrée dans un ou plusieurs territoires spécifiques. L'inscription ethnodiscursive des conversations radiophoniques s'opère en référence des territoires protéiformes qui s'enchevêtrent, se superposent et parfois s'opposent. Car tantôt île, tantôt département, tantôt pays, tantôt territoire-caribéen, la spécification de l'espace de localisation des énoncés identitaires relève d'une multitude de représentations territoriales que les acteurs sociaux et porteurs de culture mobilisent en fonction des situations de communication et des cadres d'interaction dans lesquels ils co-construisent leurs énonciations.

L'analyse permet ainsi de caractériser une tension entre un enracinement dans un « Point Ici » pour se différencier et en référence à un « Ailleurs » dont il est tributaire, tension qui conditionne implicitement l'organisation et la structuration de l'ethnodiscursivité territoriale. Il apparaît en effet que les ethnodiscours territoriaux oscillent constamment et ne font sens que par ce double mouvement permanent entre un « ici » et un « ailleurs » idéels. Les différents actes d'énonciation et d'interlocution analysés laissent en effet apparaître que les *ethnodiscours* sont produits et circulent dans un territoire, un « Ici » énonciatif révélateur du *locus* à la fois géographique, discursif et idéel de leur occurrence et de leur réception, *locus* que représente l'espace public médiatique radiophonique. Second pôle de la tension structurante autour de laquelle se cristallise la dynamique de construction des ethnodiscours territoriaux, l'« Ailleurs » regroupe l'ensemble des territoires symboliques par lesquels se réalise, entre autres, le processus d'identisation. Il incarne un « là-bas » multidimensionnel et nébuleux car polysémique que l'analyse tente de spécifier plus clairement. Dans les Départements français d'Amérique, cet ancrage dans un « ici » s'opère en contraste ou en ambivalence (et non en opposition) à un « ailleurs » dont il est tributaire et que figurent les abstractions territoriales de la « France », « l'Europe » ou « le Monde Noir » (Afrique et Amériques Noires ou Atlantique Noir ; tous ces peuples du Nouveau Monde nés de la traite négrière et de la colonisation). Dans cette perspective, le « Point Ici » (Moles, Rohmer, 1978, : 60) désigne, pour reprendre l'acception développée par Abraham Moles, l'espace d'ancrage des perceptions et imaginaires spatiaux, et conséquemment, des définitions et représentations identitaires déployées par et qui se diffusent dans une communauté donnée. Car il s'agit du point de création de l'identité, ou plutôt des identités sociospatiales telles que les modèlent et les verbalisent les acteurs sociaux.

Les ethnodiscours culturels

Consubstantiels aux ethnodiscours territoriaux, des ethnodiscours culturels modèlent et particularisent également les énonciations radiophoniques. Souvent corrélés, histoire, patrimoine et culture sont les items fondateurs d'identité culturelle. L'univers patrimonial est saisi, ici, dans une acception très large qui s'étend des arts plastiques aux arts culinaires, en passant par les rituels culturels et les mythes historiques générateurs d'identité. Ainsi, les traditions et items folkloriques, en tant que synthèses historico-culturelles, sont prégnants dans les ethnodiscours culturels mis au jour. Ce sont les thématiques de *valorisation culturelle* qui permettent le mieux de discerner ce type d'ethnodiscours qui sont, dans cette perspective, synonymes d'authenticité, de terroir, d'infranationalité et d'identité. Ainsi, il est indifféremment question dans ces ethnodiscours de cuisine créole, de mode créole, de musique caribéenne, de patrimoine martiniquais, de croyances magico-religieuses (soukounyans, dorlis, quimbois) etc. Dans ce cas, l'énonciation s'enracine dans un espace foncièrement sociosymbolique. Aussi, l'analyse laisse apparaître des phénomènes d'emprunts, d'appropriation, de branchements qui sculptent les définitions identitaires. Il s'agit d'intégrer en les réinterprétant des items, des éléments ou des modèles culturels exogènes mais proches sémantiquement, à son propre complexe identitaire et culturel actuel. Car une construction identitaire est avant tout une mise en relation et le résultat d'interactions sociales, et est par conséquent, idéologique. Ces ethnodiscours sous-tendent et supportent une culture créole - sorte d'amalgame identitaire -, elle-même porteuse de représentations et de stéréotypes positifs et valorisants.

Les ethnodiscours linguistiques

Notre réflexion, rappelons-le, cherche à cerner les spécificités de l'expression d'une conscience identitaire au sein des discours radiophoniques. Dans cette optique, elle se cristallise foncièrement autour des « actes de langue » ; d'autant que les Départements français d'Amérique sont des espaces caractérisés par une situation linguistique de bilinguisme diglossique créole/français. Ce contexte linguistique se manifeste à travers les occurrences de variations et de changements codiques c'est-à-dire à travers la production d'énoncés transcodiques (imbrication des deux codes au sein d'un même vocable) ainsi que la pratique du *code switching* qui consiste à alterner dans une même phrase (niveau intraphrastique) ou dans une même séquence discursive (niveau interphrastique) ou énoncé deux systèmes grammaticaux différents, et qui dans le cas de la Martinique et de la Guadeloupe n'ont pas le même statut et la même reconnaissance sociaux. Territoires dans lesquels la grande majorité de la population parle et maîtrise les deux codes linguistiques, les Départements français d'Amérique ont cette particularité d'être des espaces télescopés (pour paraphraser Jacky Simonin) entre créolité et francité, et plus largement européanité ; et entre tradition et modernité. Et c'est ce *télescopage* que l'on retrouve à tous les niveaux du fonctionnement social (structures, institutions, groupes d'individus et individus). Il prend la forme, au sein des discours médiatiques et radiophoniques en particulier, d'un *télescopage linguistique* entre créole et français que les expressions transcodiques actualisent. Ainsi, il apparaît que les émissions interactives de radio appréhendées en termes de lieux d'interactions sociales et langagières sont révélatrices des ces mécanismes à la fois psycholinguistiques et sociolinguistiques de confrontation ou de mise en contraste et en contact de deux codes linguistiques correspondant chacun à des modes de pensée, des visions et des représentations du monde qui fondamentalement diffèrent.

Conclusion

Nécessairement en interaction permanente, les ethnodiscours identitaires (territoriaux, culturels et linguistiques) qui s'exondent dans les productions sémio-discursives du média radio s'appuient sur des références et représentations plurielles (culturelles, historiques, territoriales, insulaires etc.). Aussi, une interrogation portant sur les modes et modalités d'énonciation médiatique d'une conscience d'appartenance dans un territoire donné, suppose *de facto* l'appréhension de représentations sociales (au sens le plus large du terme) circulantes déterminantes dans la dynamique d'élaborations ethnodiscursives. Et ces énoncés particuliers ne sont intelligibles et n'ont de sens que parce qu'ils sont produits, reçus et interprétés dans un contexte de mondialisation et de globalisation des expressions culturelles.

RECEPTION DES MEDIAS TRANSNATIONAUX ARABES PAR SATELLITE :

INTEGRATION ET CHANGEMENTS SOCIOCULTURELS EN MILIEU NORD-AFRICAIN A MONTREAL

AOUDIA Karima

Montréal, hiver 2004. Invitée à prendre un thé chez une famille marocaine, je suis rapidement interpelée par le décor de ce salon marocain aux couleurs de sable et dans lequel se dresse une *meida*[31] avec pâtisseries orientales et thé à la menthe. Tout ceci me fait rapidement oublier que nous sommes au Québec et que dehors les températures avoisinent le zéro degré. Pour ajouter à ce dépaysement, la télévision qui trône dans ce salon. Elle est allumée et s'exprime en langue arabe. Branchée sur LBC[32] via une antenne parabolique placée sur le balcon, elle anime la pièce avec une émission de variétés, *Star Academy*[33]. Mon hôte[34] m'explique que c'est « *une fan* » et qu'elle « *ne rate aucune de ces émissions* ». C'est, explique-t-elle, sa « *bouffée d'oxygène* », son « *lien avec le bled* ». Je lui demande alors si elle suit avec le même engouement la version québécoise de cette émission de télé-réalité. Elle me répond que « *non* » et avoue que depuis qu'elle s'est « *offerte la parabole* », elle préfère « *regarder la télévision en arabe* ».

---

31 Mot arabe référant à une « petite table ».

32 *Lebanese Broadcasting Corporation,* chaîne libanaise spécialisée dans les programmes de divertissements (émissions de jeux, *talks shows,* variétés, émissions sportives et clips vidéo).

33 Sur un modèle expérimenté en Europe et en Amérique du Nord, cette émission met en scène seize filles et garçons de différents pays arabes (Liban, Maroc, Tunisie, Egypte, Syrie, Koweït, Arabie Saoudite, et Émirats Arabes Unis). Sélectionnés parmi des milliers de candidats, ces jeunes vivent ensemble durant quatre mois et sont formés par des professionnels de la chanson. Informations recueillies sur le site : http://www.bladi.net/forum/13228-star-academy-version-arabe.

34 Jeune Femme d'origine marocaine âgée de 34 ans, mariée et mère de deux enfants. Installée au Québec depuis 1999, elle est employée de banque.

Cette histoire pourrait relever de l'anecdote, pourtant, elle traduit, en cette ère de mondialisation, l'émergence de sphères diasporiques ainsi que la prolifération de moyens technologiques permettant « *la déconstruction des espaces nationaux pour créer un troisième espace, un* « inbetween » *entre la culture d'origine et celle du pays de résidence.* » (Mattelart, 2007 : 104).

Au Québec, l'appropriation du satellite par la communauté maghrébine est quasiment passée inaperçue jusqu'en 2001. En effet, ce n'est qu'au lendemain de l'attaque du *World Trade Center,* de la guerre en Afghanistan, du début de la guerre en Irak, que l'on a pu constater la place grandissante des médias transnationaux arabes[35] au sein des foyers nord-africains. Ainsi, « à l'image des travailleurs turcs en Allemagne qui regardent des films turcs dans leurs appartements allemands, des Coréens de Philadelphie qui participent aux Jeux olympiques de 1988 à Séoul grâce aux télévisions sud-coréennes, et des chauffeurs de taxi pakistanais de Chicago qui écoutent les cassettes de prêches enregistrées dans les mosquées du Pakistan ou d'Iran[36] », les membres de la communauté maghrébine de Montréal regardent la télévision en langue arabe via la parabole, lisent les journaux et écoutent la radio du pays d'origine sur Internet.

A travers ce constat, nous nous sommes interrogée sur la place occupée par ces médias au sein des foyers nord-africains à Montréal. Nous nous sommes demandée si, en proposant des contenus propres à une communauté en particulier, ces médias favorisent une réelle intégration ou au contraire provoquent un repli communautaire voire même une ghettoïsation. Quelles transformations ont-ils engendré dans les habitudes de consommation médiatique de cette communauté ? Contribuent-ils à la préservation des valeurs, de la langue, et de la culture du pays d'origine par ces immigrants ?

Si de nombreuses recherches se sont penchées sur la place des minorités ethniques dans les médias canadiens et québécois, aucune recherche n'a jusque-là examiné la place des médias arabes au sein des foyers maghrébins de la Belle Province. Nous avons tenté de combler cette carence en menant une enquête auprès de cette communauté[37] composée de 35 410 individus[38]. Nous nous

---

[35] Depuis 1990, les télévisions arabes par satellite n'ont cessé de se multiplier. En 2006, on comptait selon *Arab Advisors,* plus de 250 chaînes accessibles via Nilesat ou Arabsat.

[36] Exemples énoncés par Appaduraï Arjun pour illustrer l'émergence de « sphères publiques diasporiques » in *Modernity at Large : Cultural dimensions of Globalization,* Minnesota, University of Minnesota Press, 1996, page 4. Cité par Mattelart, Tristan, op. cité, page 28.

[37] Par communauté maghrébine, nous entendons « individus provenant d'Algérie, du Maroc, et de la Tunisie ».

[38] Lors du recensement de 2001, 35 410 personnes se sont déclarées d'origine ethnique maghrébine. En ce sens, 17 545 personnes se sont déclarées d'origine ethnique marocaine, 13 545 d'origine algérienne, et 4320 d'origine tunisienne. Depuis le milieu des années 1990, en raison de la crise économique et de l'instabilité politique qui secouent les

proposons, à travers cet article, de présenter les résultats de cette enquête menée à Montréal[39] entre les mois de septembre et novembre 2007. Auparavant, nous dresserons une radioscopie de la place des minorités visibles[40] dans les médias québécois.

Les médias québécois : reflet du multiculturalisme ?

Dans une société multiculturelle comme le Québec, où la population est composée à 12 % de minorités visibles, force est de constater la sous-représentation ainsi que la représentation stéréotypée et souvent négative des minorités ethniques par l'industrie de l'information et du divertissement. Les médias québécois proposent ainsi une image singulièrement homogène de la société et, selon plusieurs analystes, présentent encore trop souvent les membres des minorités visibles comme des « étrangers ». A cet égard, il semble que la sensibilité au dialogue interculturel ne soit pas un point fort des médias québécois et que, d'une certaine façon, ils négligent totalement la dimension interculturelle de la diversité. Ainsi, lors du colloque du 12 et 13 juin 2002, organisé par l'Association pour l'éducation interculturelle du Québec (APEIQ) sur le thème des « médias et de la diversité culturelle », il en ressort que de nombreux immigrants trouvent que la presse locale est plutôt avare d'analyses pertinentes, que les explications sont souvent incomplètes, et que l'utilisation généralisée des dépêches des agences internationales présente un éclairage trop uniforme de ce qui se passe au sein de leurs pays d'origine.

---

pays du Maghreb, on assiste à l'arrivée massive d'immigrants maghrébins au Québec. Ainsi, plus de la moitié d'entre eux (54,7 %) ont immigré entre 1996 et 2001 alors que 34,5 % se sont installés au sein de la Belle Province entre 1991 et 1995. Selon *Statistiques Canada*, en 2001, la communauté maghrébine du Québec comptait plus d'hommes (55,6 %) que de femmes (44,4 %). C'est une communauté où la famille est au centre de la structure sociale puisque 40,3 % des Maghrébins étaient mariés en 2001. Ce fort taux de mariage contribue ainsi à fixer l'immigration, ce qui représente pour le Québec un apport démographique, vu que l'immigration maghrébine est une immigration de peuplement et non de transit. De plus, il s'agit d'une immigration jeune. En effet, en 2001, 43 % des Maghrébins avaient entre 25 et 44 ans avec une forte proportion de la catégorie d'âge des 20-35 ans. Cette proportion étant supérieure à celle observée dans l'ensemble de la population québécoise (30,2 %).

[39] Cette étude a été réalisée dans la région métropolitaine de Montréal où est concentrée la majorité de la population d'origine maghrébine au Québec (91,8 %).

[40] L'article 3 de la Loi sur l'équité en matière d'emploi de 1995 stipule que « font partie des minorités visibles les personnes, autres que les autochtones, qui ne sont pas de race blanche ou qui n'ont pas la peau blanche ».

Ce manque de visibilité des communautés culturelles[41] dans les médias québécois ne peut demeurer sans conséquence sur des publics qui, après tout, ont la capacité d'être « actifs » et possèdent un pouvoir déterminant dans l'événement communicationnel[42]. Ainsi, grâce à son bagage psycho-socio-culturel, le récepteur est en mesure de sélectionner les contenus informationnels et de construire le sens du message en fonction des normes, des valeurs, des croyances, et en un mot, de la culture de son groupe de référence (Ravault, 1996). Il évalue ainsi la situation communicationnelle à partir de sa « *propre perception de la situation, ses propres intentions, ses propres besoins* » (Ravault, 1986), et interprète par là même les médias en fonction de « ce qu'il croit être l'intention (ou le manque d'intention) de l'émetteur, du souvenir de ses précédentes interactions avec cet émetteur[43] ». Le (télé)spectateur peut donc exercer son esprit critique et est en mesure de choisir les contenus auxquels il s'expose. En ce sens, les immigrants qui se sentent sous-représentés voire mal-représentés par les médias québécois ont le pouvoir de réagir à cette situation. Serge Proulx et Danielle Bélanger ont dès lors pu constater, à travers leur étude menée en 1996 sur l'écoute de la télévision francophone par les communautés culturelles (arabophone, créole, hispanophone, portugaise, et vietnamienne), que ces immigrants ne se sentant pas adéquatement représentés par la télévision francophone, se tournent davantage vers les médias anglophones. Et d'insister sur le fait que « *les télédiffuseurs québécois naviguent depuis quelques années sur une mer difficile. De nouveaux joueurs briguent leurs audiences : nouvelles stations, multiplication des chaînes spécialisées, concurrence extérieure exponentielle - surtout américaine -, marché important de la vidéocassette et présence grandissante d'Internet* » (Proulx, Bélanger, 2001 : 121).

En d'autres termes, les télédiffuseurs francophones, constatant un intérêt de leur public francophone traditionnel pour la télévision anglophone, et particulièrement américaine, craignent un « transfert d'écoute » du français vers l'anglais[44]. Notre hypothèse est toute autre, et part de notre observation de

---

[41] Appellation désignant les groupes ethniques au Québec et définies selon divers critères dont la langue ou le pays d'origine. Pour cette présente recherche, nous avons opté pour le second critère car il permet de mettre en exergue les divergences en matière de réception des médias en fonction du pays d'origine.

[42] Les recherches sur la réception active prennent leurs sources dans le courant des « Uses and Gratifications » qui soulignent que l'on doit s'intéresser à ce que les individus font des contenus médiatiques et non plus ce que ces derniers font aux individus. Poussant plus loin cette approche, les théoriciens de la réception active affirment que le récepteur participe activement au processus communicationnel en choisissant les contenus auxquels il s'expose. Le récepteur accepte ainsi ce qu'il juge acceptable et rejette les lectures et les contenus qui ne coïncident pas avec son identité et ses convictions.

[43] Ibidem.

[44] Ibidem, page 122.

départ. Selon nous, les immigrants maghrébins au Québec - à dominante francophone[45]- déserteraient les médias francophones pour rejoindre davantage les médias arabophones qu'anglophones. Pour étayer notre hypothèse, nous avons mené une enquête auprès de la communauté maghrébine de Montréal. Ainsi, nous avons tenté de définir le lien qu'entretiennent ces immigrants - en fonction de leurs âges, genres, et statuts professionnels - avec le pays d'origine et la société d'accueil, les raisons qui les poussent à l'acquisition de la parabole, les motifs pour lesquels ils n'en possèdent pas, les chaînes ainsi que les programmes de télévision qu'ils regardent le plus, l'usage qu'ils font d'internet, et enfin la place des médias canadiens (anglophones et francophones) au sein de leurs foyers.

La parabole : plus qu'un moyen technologique…

Notre travail sur le terrain met l'accent sur les pratiques médiatiques des immigrants maghrébins dans le processus d'intégration en tant qu'ensemble de tactiques mises en œuvre dans leur nouvel environnement. Plus précisément, notre objet d'étude empirique repose sur les interactions entre les immigrants maghrébins et la société d'accueil québécoise.

Afin de recueillir auprès de nos informateurs les données sur les comportements dans la communication interculturelle, nous avons mené notre enquête au moyen d'un questionnaire. Parmi les types de données recueillies, les premières sont d'ordre biographique (trajectoire migratoire du sujet, définition des valeurs, etc.). D'autres, d'ordre expérientiel (insertion socio-économique, relations interpersonnelles), sont liées à des événements vécus par le répondant depuis son arrivée au Québec. Enfin, les données qui nous intéressent plus particulièrement reposent sur l'usage des médias locaux et transnationaux par le répondant.

Cette étude quantitative implique ainsi plus d'une centaine de répondants. Afin d'atteindre le plus d'individus possible, cent-cinquante (150) questionnaires ont été distribués au hasard au sein de commerces fréquentés par la communauté dans les quartiers de Saint-Michel et de Côte-des-Neiges[46], de centres communautaires et culturels ainsi que d'associations musulmanes à

[45] Selon le ministère des affaires internationales, de l'immigration et des communautés culturelles, la quasi-totalité (96,5 %) des membres de la communauté maghrébine parle le français et plus de la moitié (51,4 %) connaissent à la fois le français et l'anglais. Seulement 2,2 % des personnes d'origine maghrébine ne connaissent ni le français ni l'anglais.

[46] Selon le ministère des affaires internationales, de l'immigration et des communautés culturelles, dans la ville de Montréal, les trois principaux arrondissements où habitent le plus de personnes d'origine maghrébine sont ceux de Côte-des-Neiges–Notre-Dame-de-Grâce (15,4 %), d'Ahuntsic-Cartierville (11,3 %) et de Villeray-Saint-Michel-Parc-Extension (10 %).

Montréal. Cent vingt-six (126) questionnaires nous ont été retournés. Avec cet échantillon relativement modeste, notre recherche ne peut prétendre à l'exhaustivité mais peut témoigner d'une précision quantitative valable puisqu'il traduit dans l'ensemble les traits sociologiques de cette communauté. Soulignons, par ailleurs, que le climat social dans lequel a été effectuée cette enquête ne nous a pas rendu la tâche facile. En effet, le hasard du calendrier a voulu que nous débutions notre enquête en même temps que les travaux de la Commission Bouchard-Taylor sur les accommodements raisonnables[47]. Cette situation a suscité la méfiance de certains qui ont fait l'amalgame entre les travaux de cette Commission et notre propre enquête.

En analysant les résultats[48] de cette enquête, nous avons ainsi pu mettre en exergue les caractéristiques socioculturelles de nos répondants. En ce sens, nous pouvons souligner que notre échantillon est composé de 53 personnes provenant d'Algérie, 52 du Maroc, et 21 de Tunisie. La grande majorité de ces répondants sont des hommes, âgés de 30 à 45 ans, qui déclarent majoritairement être de confession musulmane. En ce qui a trait à la langue, 88 de ces répondants s'expriment en langue arabe au sein de leurs foyers et 105 utilisent la langue française au quotidien. Seulement 8 répondants sur 126 appartiennent à la catégorie des 12-18 ans.

Une majorité de ces répondants exprime son désir de préserver le contact avec le pays d'origine. Pour la grande majorité d'entre eux, l'utilisation du téléphone, et d'Internet leur permet ainsi de demeurer en contact avec « le bled[49] ». En ce qui a trait à la parabole, plus de la moitié des répondants (69 sur 126) affirment en posséder une, et 12 d'entre eux comptent en acquérir une prochainement. La majorité d'entre eux est d'accord pour reconnaître que l'achat de la parabole a essentiellement été décidé pour préserver un lien avec le pays d'origine. Le désir de renouer avec la culture et le pays d'origine demeure sans conteste la motivation première quant à l'acquisition du satellite. Cependant, si

---

[47] Cette commission de consultation sur les pratiques d'accommodements reliées aux différences culturelles, présidée par l'historien Gérard Bouchard, et le philosophe Charles Taylor a été mise en place par le premier ministre du Québec, Jean Charest, le 8 février 2007. Ceci afin de tenter d'atténuer l'incompréhension et le mécontentement entourant le débat sur les accommodements raisonnables. Ce dernier désigne un ensemble très large de controverses (port du kirpan par un étudiant sikh, port du foulard par une joueuse de soccer, port du casque de sécurité par un employé sikh, etc.) reliées directement ou indirectement au concept de droit canadien appelé « accommodement raisonnable », notion juridique canadienne issue de la jurisprudence associée au monde du travail. Elle désigne l'assouplissement d'une norme afin de contrer la discrimination que subit une personne, et dans le but de respecter le droit à l'égalité du citoyen. Les travaux de la Commission ont pris fin en mars 2008. Un rapport est aujourd'hui attendu.

[48] Exploités à l'aide du logiciel SPSS/Data Entry.

[49] Expression fréquemment utilisée par les répondants pour désigner le pays d'origine.

plus de la moitié des répondants en ont fait l'acquisition, il n'en demeure pas moins que près du tiers précisent y être hostiles, et ceci pour quatre raisons majeures : le prix de l'installation, le manque de crédibilité des informations transmises par les médias du pays d'origine, la volonté de s'intégrer à la société d'accueil, et enfin, ce que nous nommerons « les revendications identitaires et linguistiques». En ce sens, les répondants originaires de Kabylie, en Algérie, y sont, dans leur majorité, extrêmement hostiles. La langue arabe couramment utilisée dans ces médias ne leur convenant pas, ils préfèrent « *garder contact avec la Kabylie* » en écoutant BRTV[50] par le biais d'Internet. Quant aux plus jeunes de nos répondants, même s'ils ne constituent qu'une faible part de notre échantillon, ils affirment être « déconnectés » de ces médias arabes. La plupart de ces jeunes téléspectateurs leur préfèrent en effet les émissions jeunesse diffusées sur les chaînes du câble[51].

Aussi, nous avons pu constater des contrastes quant à l'acquisition de la parabole entre les individus provenant d'Algérie, du Maroc et de la Tunisie. En effet, la majorité des personnes ayant reconnu posséder la parabole depuis au moins cinq ans provient essentiellement du Maroc. Les personnes originaires d'Algérie ont essentiellement commencé à s'y intéresser depuis au moins trois ans. Nous pouvons néanmoins souligner le manque d'intérêt pour le satellite de la part de nos répondants originaires de Tunisie. Même s'ils ne constituent qu'une faible part de notre échantillon, les répondants d'origine tunisienne ont dans leur majorité déclaré être distants de la télévision de leur pays d'origine.

Appréciation des programmes

La majorité des répondants possédant le satellite affirme regarder essentiellement les chaînes des pays d'origine[52] ainsi que d'autres chaînes arabophones, parmi lesquelles la chaîne *Al-Jazeera* qui est la plus regardée par les hommes et *LBC* par les femmes. Ceci témoigne des divergences entre les hommes et les femmes au regard des programmes suivis. Les hommes affirment s'intéresser davantage aux magazines d'informations et les femmes aux émissions de divertissement, aux films et séries diffusés par ces chaînes. De plus, la moitié seulement de ceux qui possèdent une parabole privilégie les informations transmises par les chaînes des pays d'origine ou spécialisées dans l'information telle que *Al Jazeera*. Les autres regardent les chaînes canadiennes tout autant que celles provenant du Maghreb et du Moyen-Orient. Selon eux, il est nécessaire de conjuguer les deux points de vue - arabe et canadien - pour avoir accès à une « *véritable* » information sur le pays d'origine ou sur la situation au Moyen-Orient. A cet égard, nous avons pu constater l'importance de la chaîne francophone TV5 qui, selon une majorité de nos répondants, offre

[50] Berbère Télévision qui émet depuis Paris et que l'on peut écouter sur le site http://www.brtv.fr/[50].

[51] Chaînes *Vrak TV, Séries +,* et *Musique Plus.*

[52] Canal Algérie, 2M, et TV7.

une information « *complète* » et « *diversifiée* » qui ne se retrouverait ni dans les médias locaux (francophones et anglophones) ni dans les médias des pays d'origine.

En ce qui a trait aux émissions religieuses, elles sont suivies - essentiellement durant le mois de ramadan - par près de la moitié des personnes interrogées. Aussi, la moitié des répondants possédant le satellite déclarent se porter davantage vers ces médias arabes durant les périodes de fêtes religieuses (aïd, ramadan, pèlerinage) ou lors d'événements particuliers au sein du pays d'origine.

De plus, à travers cette enquête, nous avons pu constater l'importance d'Internet au sein de cette communauté. Parmi la totalité de nos répondants, 89 d'entre eux reconnaissent consulter la presse du monde arabe au moins une fois par semaine sur Internet afin de se tenir informés de ce qui se produit au sein du pays d'origine et au Moyen-Orient. A cela, s'ajoutent 41 personnes qui écoutent fréquemment la radio du pays d'origine sur Internet. Dès lors, on constate qu'une portion de ceux qui ne peuvent s'offrir le satellite se portent vers Internet pour prendre l'information du pays d'origine à sa source ou pour se divertir dans leur langue maternelle.

... Un cordon ombilical

Notre enquête souligne la présence des médias arabes au sein des foyers nord-africains à Montréal. Même si la parabole n'a pas encore fleuri sur tous les toits des maisons maghrébines au Québec, il n'en demeure pas moins que les immigrants y adhèrent de plus en plus. Ainsi, à l'image du cordon ombilical, ces médias arabes reçus par satellite et Internet permettent à ces immigrants venus d'Afrique du Nord de préserver un lien avec le pays d'origine sans avoir à parcourir une distance de près de six mille kilomètres les séparant du Maghreb.

Notre hypothèse de départ avançait l'idée qu'en raison de leur manque de visibilité dans les médias québécois, les immigrants maghrébins à Montréal se porteraient davantage vers les médias arabophones que ceux de la société d'accueil. Pourtant, il ressort de notre enquête que ces immigrants ne consomment pas les médias arabes de manière considérable. Certes, ils y sont attachés. Ils écoutent la radio du pays d'origine, lisent des journaux du Maghreb et du Moyen-Orient, regardent la télévision en arabe, mais se sentent tout aussi concernés par les médias de la société d'accueil. En ce sens, nous pouvons constater leur volonté ainsi que leur capacité à mettre en place un espace dans lequel se mêlent local et global, un genre de « sphère hybride » les reliant à leurs communautés d'origine tout en leur permettant de s'insérer dans la société d'accueil.

LA PLACE DES MEDIAS COMMUNAUTAIRES DANS LE PAYSAGE MEDIATIQUE FRANÇAIS ET LE PROCESSUS D'INTEGRATION DES POPULATIONS ISSUES DE L'IMMIGRATION MAGHREBINE

ZOGHBI Walid

Notre propos s'appuie sur des travaux, en cours, visant à cerner la problématique des médias communautaires dans le paysage médiatique français et leur influence sur le processus d'intégration des populations issues de l'immigration maghrébine établie en France.

L'immigration est devenue, depuis les années quatre-vingt-dix, un thème majeur de l'actualité médiatique en France. Au-delà de leur mission d'information, les médias se sont retrouvés en position de régulation dans la mise en débat public de l'immigration et sont devenus, d'emblée, la cible de nombreuses critiques et revendications de la part des citoyens issus de l'immigration. Ces derniers contestent avec acuité le flottement de l'information qui les concerne et dénoncent la fragilité de l'action et des relais sociaux entre la société d'accueil et les communautés issues de l'immigration.

Plus qu'un champ d'investigation, la communauté maghrébine qui fait l'objet de notre recherche, de par ses spécificités culturelles, constitue à nos yeux un cas très pertinent pour l'étude de l'impact des médias. Elle représente, d'abord, par son nombre, l'une des principales et plus anciennes immigrations établies en France. Elle se distingue aussi, par ses relations souvent passionnées et/ou conflictuelles avec les médias, par le fait que les jeunes qui en sont issus cristallisent sur eux les regards de la société française.

Toutes ces caractéristiques réunies confèrent à cette recherche un intérêt particulier eu égard à l'importance du sujet ; la prolifération des chaînes de télévision communautaire dans le paysage audiovisuel français continue en effet de susciter nombre de questions au sein de l'opinion publique française.

Cette réalité a ouvert un débat de fond entre les politiciens et les professionnels des médias. La réception directe de ces programmes, notamment culturels et religieux, est un problème pour les autorités françaises, car les acquis de la politique d'intégration se trouvent fragilisés.

Notre étude se propose d'analyser l'interaction entre le média communautaire qu'est la télévision et l'immigration maghrébine établie en France. Sur la base d'observations et d'enquêtes de terrain auprès d'un échantillon composé d'une centaine de personnes d'origine maghrébine, nous essayons de mesurer et de décrypter les pratiques médiatiques ainsi que leur impact sur le processus d'intégration.

L'avènement de la technologie numérique, le développement de la télévision par câble et satellite, a entraîné la création d'une multitude de chaînes de télévision communautaires. Ainsi, dans les villes de France et leurs banlieues à forte concentration de populations issues de l'immigration, la réception par antenne parabolique de chaînes de télévision du monde entier s'est développée de manière irréversible. Mais que sait-on des changements que cette nouvelle offre télévisuelle a pu provoquer dans la consommation médiatique au sein des familles issues de l'immigration ?

Bien que le domaine traitant des moyens d'information et de communication des communautés immigrées en France soit d'un intérêt certain, très peu de recherches ont été effectuées à ce sujet. La sociologie du journalisme française a en effet essentiellement concentré son attention sur les médias les plus légitimes (Bastien et Neveu, 1995 : 13-58), à commencer par la presse quotidienne nationale, et plus récemment la télévision, qui a acquis un poids considérable dans l'espace journalistique à partir des années quatre-vingt. Il faut attendre le début de la décennie quatre-vingt-dix pour qu'apparaissent de nouvelles approches sur la télévision et des écrits théoriques sur les enjeux que recèlent les processus d'internationalisation de la communication et sur le phénomène global des médias communautaires.

Parallèlement à la montée en puissance des discours sur les identités, vont se développer ainsi différents travaux ethnographiques sur la consommation des médias par les populations issues de l'immigration (Mattelart, 2002). Au-delà de l'enrichissement de la connaissance des processus de construction identitaire des populations concernées, ces études se présentent comme un laboratoire pour l'analyse des processus de négociations culturelles à l'heure de la globalisation des médias.

La question du rôle de la télévision communautaire dans les processus liés à l'immigration est une question complexe. D'un côté, certains pensent que ce média a un effet positif, en ce sens qu'il informe les minorités sur la société dans laquelle elles vivent (Joseph, 1984). Elle leur donne une information qui ne leur est pas négative et entachée de stéréotypes, une information parfois dans la langue d'origine, en résumé, une information qui va permettre une meilleure connaissance de la société d'accueil et donc une meilleure intégration dans celle-ci. De l'autre côté, d'autres voient les effets négatifs de ce média. Selon un responsable du Fonds d'action sociale (F.A.S.), chargé de l'intégration des populations allogènes, « la réception des télévisions étrangères est une source de repli et constitue un facteur de désintégration »[53]. Il convient de rappeler que ces différentes questions relatives à la télévision communautaire sont largement étudiées en Angleterre, au Canada et aux Etats-Unis.

L'approche du profil culturel

Parler de rapports entre immigration et médias revient donc à ouvrir un vaste champ d'exploration qui questionne les appartenances, les mobilisations, les relations tant aux cultures d'origine qu'à la culture du pays d'accueil.

Il faut d'emblée spécifier qu'au sein de la population maghrébine, ces rapports ne s'opèrent pas de manière homogène. Il devient ainsi utile de faire, au moins, la distinction essentielle entre les immigrés nés hors de France et leur descendance, née et/ou ayant grandi en France. Il est en effet nécessaire de distinguer les immigrés de la première génération de leurs enfants, leur parcours (social, culturel et économique) étant différent. Les premiers ont fait la démarche de s'exiler, en grande majorité pour des raisons économiques ; la plupart d'entre eux avaient longtemps entretenu l'idée du retour au pays d'origine. Ils ont assumé leur appartenance culturelle et leur statut socio-professionnel. Ils expriment un attachement sans ambigüité aux valeurs d'origine, entretiennent des rapports à la société française basés sur le respect des pratiques et de la législation (adoption de codes administratifs différents de ceux du pays d'origine) et répondent aux exigences de cette dernière.

Le mélange complexe de culture française et d'influence maghrébine (arabo-berbère) qui a accompagné la socialisation des jeunes constitue une sorte de métissage culturel. Ce métissage est parfois source de richesse, il a pu également être source de trouble. La barrière culturelle entre les jeunes issus de l'immigration et les français de souche paraît sans fondement. Les comportements des jeunes se font plus par référence au modèle occidental, bien qu'ils manifestent un attachement à la culture de leurs parents et se déclarent pour la plupart musulmans. Leur éducation ne se fait pas seulement au sein de la famille, celle-ci ne constitue plus un modèle car elle est largement supplantée par le pouvoir du système scolaire et des médias (en particulier la télévision).

Dans un autre contexte, l'affirmation de l'appartenance religieuse chez les populations d'origine maghrébine, le recentrage sur les valeurs islamiques comme action militante, suscitent un sentiment de réserve, voire des inquiétudes de la part de la société civile et des politiques. Le retour au religieux n'est pas étranger à l'existence d'une certaine hostilité et à la multiplication des discours liant le religieux à l'immigration.

---

[53] Propos d'un responsable du F.A.S. recueillis par Carina Louart, «Télévision et intégration», Le Monde, 11-12 septembre 1994.

La participation des jeunes issus de l'immigration maghrébine à la mise en place de lieux de culte et à de nombreuses associations se revendiquant de l'islam montre qu'une grande partie d'entre eux ne se tenait pas à l'écart de ce mouvement d'affirmation publique du culte musulman. Une part de cette génération trouve des ressources identitaires du côté de l'islam, alors que de nombreux autres se définissent comme musulmans même s'ils ne sont pas pratiquants, et encore moins militants. Dans ce contexte, les analyses sociopolitiques se sont multipliées, en se demandant si l'islam lui-même est intégrable, et si islam et laïcité à la française peuvent faire bon ménage.

Alors que pour ces jeunes, comme le souligne Manuel Boucher (Boucher, 1998) « *le religieux revêt dans la majorité des cas un rôle important dans la construction d'une identité qui se décline, dès lors, non pas de manière éclatée et instable, mais selon un principe de cohérence et d'homogénéité* ». Et d'ajouter « *Plus généralement, à la jonction de la vie privée et publique, on peut percevoir, jusque dans les quartiers difficiles, la fonction unificatrice du religieux et plus largement, du culturel, qui se substituent aux anciennes fonctions politiques et confèrent un sens à l'existence des exclus* ».

L'image véhiculée par les médias

Les médias généralistes et principalement la télévision constituent les instruments essentiels de la communication en France comme dans toutes les sociétés modernes, ce qui nous conduit à nous interroger sur l'image qu'ils donnent de l'immigration et sur la manière dont les questions relatives à celle-ci sont abordées. Des interrogations auxquelles seule une analyse de contenu de ces différents supports médiatiques permettra de répondre, et autorisera à émettre des remarques ou des critiques. Néanmoins, nous constatons que l'évènement, l'émotion et le conflit, prévalent au détriment d'analyses profondes. L'opinion publique garde à l'endroit des immigrés et des jeunes issus de l'immigration maghrébine des stéréotypes négatifs, qui participent au renforcement du sentiment de rejet envers ceux-ci. Les grands moyens d'information sont en partie responsables de ces discours. Les thèmes dominants sont ceux d'une immigration à problèmes, des enfants en difficultés scolaires, de problèmes de cohabitation, de délinquance (Bdioudi, 1985).

La banalisation des stéréotypes racistes ou xénophobes doit beaucoup aux faiseurs d'opinion que sont les grands médias. Comme le soulignait Pierre Tévanian (Tévanian, 1995), les journalistes, les éditorialistes et les intellectuels médiatiques apportent en effet à ces stéréotypes le semblant de sérieux et de respectabilité morale qui leur manque, et que ne suffit pas à leur apporter le monde politique, largement discrédité.

La présence des Maghrébins sur le petit écran

La marginalisation des populations issues de l'immigration dans les médias français est exprimée entre autres, par un manque manifeste de représentation de la société multiculturelle notamment à la télévision.

Les recommandations d'organismes comme la Commission européenne contre le racisme et l'intolérance (E.C.R.I), en disent long sur cette situation. L'E.C.R.I déplore en effet « *le manque d'émissions illustrant l'apport réel des communautés minoritaires au patrimoine culturel national* » (European Commission, 1999).

Dans le sillage de ces recommandations, le CSA (Conseil supérieur de l'audiovisuel) décide, dès novembre 1999, de réaliser une étude[54] permettant d'évaluer, en s'appuyant sur une analyse détaillée de la programmation, la place réservée sur les antennes des chaînes hertziennes françaises aux différentes composantes de la communauté nationale. L'étude qui est la première du genre jamais réalisée en France, se caractérise par une approche principalement quantitative. Les principaux enseignements de cette étude font apparaître que les Maghrébins sont pratiquement absents des fictions françaises, alors qu'ils sont présents dans le vécu et le quotidien du public.

L'étude ajoute que l'analyse de la fiction marque indéniablement une carence de la fiction française, qui échoue à montrer la société contemporaine dans sa diversité, ou qui ne le fait que de manière très marginale, n'accordant quasiment jamais les premiers rôles aux représentants des minorités visibles. Abonnés aux mauvais rôles, les Maghrébins incarnent le plus souvent des personnages de dealers, de terroristes ou de nababs misogynes.

Chercheur à l'Institut national de l'audiovisuel (I.N.A) et auteur d'une étude sur la place des étrangers à la télévision, Jérôme Bourdon voit dans « l'universalisme républicain aveugle » la principale cause de décoloration des programmes : « *La fiction française reste singulièrement dominée par la classe moyenne blanche... L'idéologie de l'intégration interdit de trop insister sur la spécificité des cultures étrangères* » (Bourdon, 1993).

En juin 2000, quelques mois après la publication de son étude, le C.S.A admettait que « *les Maghrébins sont pratiquement absents des fictions françaises, alors qu'ils sont présents dans le vécu et le quotidien du public. Il*

---

[54] Etude du CSA : Présence et représentation des minorités visibles à la télévision française. L'analyse a porté sur la programmation de la semaine du 11 au 17 octobre 1999 de cinq chaînes hertziennes nationales (TF1, France 2, France 3, Canal+ et M6) dans la tranche horaire 17h-24h. Les programmes de la semaine étudiée, soit 803 émissions d'une durée totale de 252 heures et 50 minutes, ont été regroupés en huit grandes catégories : journaux télévisés, jeux, divertissements, information - culture - société, sport, fiction, vidéo-musiques et publicité. Trois grandes catégories de « minorités » ont été retenues pour les besoins de l'enquête : Noirs, Maghrébins/Arabes et Asiatiques.

apparaît donc qu'un effort est nécessaire dans ce domaine pour que la présence d'un Français d'origine africaine, arabe ou asiatique soit aussi naturelle dans une fiction française qu'elle peut l'être dans une série américaine » (CSA, 2000). L'étude conclut que « la télévision française donne une faible représentation des minorités visibles à travers ses chaînes généralistes, et que la prise de conscience à laquelle on assiste est largement justifiée ».

Hervé Bourges président du CSA, confirme le constat : « *Il semblerait bien que la société française ait encore du mal à admettre en son sein une minorité arabe. En tout état de cause, les chaînes de télévision ne font rien pour l'y aider* »[55] .

En dépit de ces critiques, aucune mesure significative n'a été prise. Désabusés, nombreux sont ceux qui se tournent vers des réseaux de diffusion à vocation ethnico-culturelle pour se réapproprier une image plus respectueuse de leur identité. C'est l'une des raisons du nombre impressionnant d'antennes paraboliques installées sur les immeubles des quartiers populaires des grandes villes françaises et des banlieues où se concentrent les familles issues de l'immigration. Qu'il s'agisse de programmes concoctés par les sociétés de diffusion des pays d'origine à destination de leurs diasporas (Algérie, Maroc, Tunisie...) ou réalisés en France par des producteurs spécialisés (BRTV et Beur TV pour les Maghrébins de France), les chaînes communautaires rencontrent visiblement un véritable succès populaire.

« *C'est une nécessité évidente. Les chaînes de télévision généralistes sont incapables de refléter la richesse et la diversité de la communauté nationale.* », explique Nacer Kettane, le patron de Beur TV et membre du haut conseil à l'intégration (Negrouche, 2002).
En l'absence de valorisation symbolique des cultures de l'immigration dans le paysage audiovisuel français, le média communautaire transforme la communication des immigrés avec leur environnement et la société française. Le phénomène de la télévision communautaire apparaît ainsi, non pas simplement comme le symptôme de besoins insatisfaits, mais comme le champ d'un redéploiement de processus culturels jusqu'alors sans référent dans le paysage audiovisuel français (Boubeker, 1999). Les gens de la banlieue échappent ainsi au face-à-face avec leur image publique et accèdent à d'autres réseaux de production et de distribution de la culture. Cet accès à des biens symboliques et culturels leur permet de traduire ou d'exprimer la pluralité de leurs appartenances, une alternance de ruptures et de retrouvailles communautaires, au fondement de l'urbanité des cultures de banlieues et des espaces publics (Isaac, 1984).

---

[55] « Le racisme, un combat au quotidien », colloque organisé par la Commission nationale consultative des droits de l'homme (CNCDH), Sénat, les 6 et 7 juillet 2000.

Conclusion

Loin des stéréotypes négatifs et du cliché du repli identitaire, l'essor du câble et du satellite participe en fait à l'internationalisation de la diffusion médiatique. La télévision communautaire permet à chacun de construire son identité et son appartenance dans un rapport dynamique à la société d'origine et à la société d'accueil. Brouillant les rapports du public et du privé, elle participe à la recomposition de l'espace public.

Les populations issues de l'immigration sont ainsi amenées à rechercher davantage de place dans l'espace médiatique et à s'instruire des stratégies de communication nécessaires. Mais les attitudes sont peut-être encore un peu réactives et insuffisamment ouvertes à la connaissance et à la prise en compte de la « révolution » culturelle générée par ces développements relativement récents des médias transnationaux. Il importe donc de tenter ici une réflexion qui permette de saisir le contour de ces transformations dans le but d'aider à mieux discerner les enjeux et les défis de communication auxquels ont à se confronter les médias communautaires en regard des changements qui affectent la société dans le paysage social et médiatique actuel.

L'INTERNATIONALISATION DES UNIVERSITES VIRTUELLES MEXICAINES EN AMERIQUE LATINE ET DANS LES CARAÏBES

AMADOR Bautista Rocio

Les gouvernements des pays les plus industrialisés soutiennent, au sein des organisations internationales, une vision sociétale essentiellement fondée sur la technique, faisant de la révolution technologique non seulement l'*a priori* de la globalisation de l'économie et de la libéralisation du commerce du vingtième siècle, mais aussi le paradigme dominant de la société de l'information et de la connaissance. Cela suppose notamment que les réseaux de télécommunications, informatiques et audiovisuels, promeuvent et garantissent, au sein d'une nouvelle organisation sociale, la démocratie, la justice, l'équité, la coopération, le développement et la croissance économique tant au niveau local que global.

Le discours de la révolution technologique de la société postindustrielle tend à présenter les États-Unis comme le modèle universel d'une société qui favorise la consolidation de monopoles industriels, un contrôle social accru, une financiarisation de l'économie et l'expansion des technologies d'information et de communication (TIC). S'inscrivant dans cette mouvance, Manuel Castells propose dans son ouvrage *The Rise of Network Society* le concept de société informationnelle, en tant que nouvelle forme d'organisation sociale et source fondamentale du pouvoir. Le développement du réseau Internet est présenté comme l'expression du nouveau paradigme technologique, intégrant le monde aux réseaux globaux. Les réseaux organisent les positions des acteurs, les organisations et les institutions dans les sociétés et les économies. L'importance de toute unité sociale est dès lors conditionnée par sa présence, ou son absence, dans des réseaux spécifiques, vivre dans les réseaux permettant d'accéder à l'existence sociale conformément aux valeurs et aux intérêts structurellement dominants (Castells, 1996).

Les auteurs qui octroient aux réseaux sociaux la capacité de promouvoir la sociabilité, la solidarité, la confiance, la tolérance et l'égalité politique soutiennent que ce phénomène relève d'« une accumulation de recours réels ou de fonctionnalités liées à la possession d'un réseau durable de relations plus ou moins institutionnalisées de connaissance mutuelle et de reconnaissance ou, en d'autres termes, à l'affiliation à un groupe » (Bourdieu, 1980). Les réseaux sociaux se présenteraient en effet comme des structures qui permettent à leurs membres d'accéder à des capitaux sociaux, économiques et culturels. C'est ce qui a conduit Frank Webster à proposer, dans *Theories of the Information Society*, une analyse rigoureuse des principaux défenseurs de la société de l'information et de leurs critiques (Webster, 1995). Menant son analyse à travers une approche spatiale des réseaux, l'auteur insiste sur les déterminismes technologiques, économiques et sociologiques, entre autres : " *the major emphasis is on the information networks that connect locations and, in consequence, have dramatic effects on the organization of time and space* "[56]. Cette situation a conduit John Goddard à effectuer le constat suivant : « les rapports mondiaux demandent une structuration très forte, une planification des rapports entre les États et les gouvernements, une coopération internationale ordonnée. (...). Le contrôle de ces nouveaux réseaux devient (dès lors) un problème central dans le développement économique et social, mais pose aussi une interrogation sérieuse quant à la sécurité des nations » (Goddard, 1992).

Politiques mondiales pour l'internationalisation de l'éducation supérieure à distance

Le rapport *National Information Infrastructure (1991)* d'Al Gore sur les autoroutes de l'information a été le premier à mettre clairement en évidence la fusion des concepts de globalisation et libéralisation dans la nouvelle notion de société globale de l'information (Mattelart, 2000). Préconisant que les autoroutes d'information soient considérées comme des travaux publics, il a notamment orienté les nouvelles politiques mondiales en matière d'investissements destinés aux infrastructures de technologies et d'accès aux campus, ainsi qu'aux laboratoires et aux bibliothèques. L'internationalisation de l'éducation supérieure constituait déjà l'un des enjeux majeurs de ce rapport qui s'inscrivait dès lors dans la continuité du *Document de Politique pour l'échange et le développement de l'Enseignement Supérieur* (Unesco, 1950).

Le rapport *L'éducation, un trésor est caché dedans* (Delors, 1996) analyse en 1996 les défis potentiels de la globalisation et des TIC dans les pays en développement, soulignant que la disparité tend à s'aggraver dans la constitution de réseaux scientifiques et technologiques qui unissent les centres de recherche et les grandes entreprises du monde entier. Les principaux acteurs des réseaux sociaux sont en effet situés dans les pays riches, d'où partent l'ensemble des flux informationnels et financiers en direction des pays pauvres. Cette situation est à la fois la cause et la conséquence des brèches en matières de technologie et de connaissances dont souffrent les acteurs et les réseaux sociaux des pays plus pauvres, exclus des pôles scientifiques et économiques.

Après les controverses provoquées par les rapports *L'informatisation de la société* de Simon Nora et d'Alain Minc (1978), et *Many Voices, One World* de

---

[56] Frank Webster, *op.cit.*, p.18.

Sean MacBride (1980), l'Unesco (1997) adopte une nouvelle politique en considérant les TIC comme des facteurs de transformation technico-économique de l'organisation sociale, du marché mondial du travail, de la production de marchandises par l'information et les connaissances, considérées comme les vecteurs fondamentaux de la nouvelle économie.

Dans le *Rapport mondial sur l'information 1997-1998* s'établit une relation étroite entre, d'une part l'évolution technologique et le développement économique à longue échéance et, d'autre part, la formation professionnelle permanente et l'enseignement universitaire à distance qui jouent un rôle éminent dans le développement d'aptitudes conceptuelles et de compétences techniques qu'exigent les nouveaux marchés de travail.

La conférence mondiale de l'Unesco célébrée à Paris en 1998, a initié un nouveau débat autour des TIC incorporées au champ de l'enseignement supérieur. *La Déclaration mondiale sur l'enseignement supérieur pour le XXIe siècle. Vision et actions. Du traditionnel au virtuel : Les Nouvelles Technologies de l'Information* (Unesco, 1998) intègre le concept d'université virtuelle repris dans les discours des décideurs de la dernière décennie. L'université virtuelle est envisagée comme le nouvel espace de l'enseignement supérieur dans lequel ont la possibilité de converger trois dynamiques : une révolution économique et démocratique de l'éducation ; un abandon de la transmission verticale des connaissances, notamment les rapports entre professeurs et étudiants, ainsi qu'une pédagogie appuyée sur les moyens qui embaume l'espace technologique.

Le *Rapport mondial sur la communication et l'information 1999-2000* (Unesco 1999) avait prévu des actions pour compenser l'inégalité entre pays riches et pauvres, afin de donner un accès équitable à l'information aux plans régionaux, nationaux et locaux. Cependant, à l'occasion du Sommet Mondial sur la Société de l'Information (SMSI) à Genève (2003) et à Tunis (2005), les débats n'ont abouti à aucun accord de financement.

La *Déclaration de principes pour Construire la Société de l'Information : un défi global pour le nouveau millénaire* établit quant à lui les axes directeurs de la nouvelle société où il devient possible d'engendrer, d'échanger, de répartir et de communiquer l'information et la connaissance à travers tous les réseaux du monde : « (...) l'éducation, la connaissance, l'information et la communication sont essentiels pour le progrès, l'initiative et le bien-être des êtres humains » (SMSI, 2004). Le rapport *L'Information mondiale vers les sociétés de la connaissance* (Unesco, 2005) signale d'ailleurs que « la connaissance s'est convertie en objet de défis immenses sur les plans économiques, politiques et culturels. Cependant, de nombreux intellectuels critiques considèrent que le discours de la révolution technologique reste profondément caractérisé par de nombreux déterminismes qui présentent une vision fragmentée de la société. Responsable en partie de la fuite des cerveaux des pays en développement, il s'avère que la brèche digitale est à la fois cognitive et scientifique. Or le problème ne ferait que s'aggraver avec l'« hyper industrialisation » et la marchandisation des savoirs, l'émergence de véritables marchés éducatifs pouvant même conduire à une tentation d'homogénéisation des cultures.

L'internationalisation de l'éducation supérieure à distance en Amérique latine et aux Caraïbes (ALyC)

C'est dans les années quatre-vingt-dix, qu'en Amérique latine et aux Caraïbes, les plus grandes universités publiques appelées « macro universités » créent les premières universités virtuelles. Le développement de ces universités est rendu possible par l'expansion des réseaux de télécommunications ainsi que par la signature d'accords et d'alliances divers au niveau international. Dans ce contexte, les gouvernements espagnol, canadien et états-unien, avec le soutien d'organismes internationaux, ont favorisé la création d'associations et de consortiums destinés à accompagner et promouvoir l'enseignement supérieur à distance.

Des associations espagnoles à l'ALyC

L'Organisation d'États ibéro américains pour l'enseignement, la science et la culture (OEI) et l'Organisation des États américains (OEA), entre autres, ont appuyé la création en 1980 de l'Association ibéro américaine d'enseignement supérieur à distance (AIESAD) qui compte actuellement près d'une cinquantaine d'institutions membres. Les représentants de l'Université nationale d'enseignement à distance (UNED), l'Université de l'État à distance (UNED), l'Université nationale ouverte (UNA), l'Université de la savane (UNI-Sabana), l'Université de Brasilia (UNB) et l'Université nationale autonome du Mexique (UNAM) figurent parmi les acteurs majeurs du projet.

En 1992, le Programme de coopération des sommets latino-américains de chefs d'État et de gouvernements a appuyé la création du réseau de l'Association de télévision éducative ibéro américaine (ATEI), qui compte parmi ses membres quelque deux cents institutions implantées dans les pays latino-américains. Depuis sa création l'ATEI tente de répandre, auprès de ses affiliés, l'usage de la télévision par satellite dans les activités d'enseignement et de divulgation des connaissances scientifiques et culturelles. Elle n'a, cependant, pas atteint son but dans la mesure où certaines universités n'ont pas appliqué les accords initialement conclus sur la production, la distribution, ainsi que sur les droits d'auteurs.

D'autres accords entre l'OEA, l'OEI et l'Unesco ont, par la suite, permis la création en 2003 de l'Association d'enseignement et de formation non présentielle *Virtual Éduca*. Née en Espagne et disposant de représentations en Argentine, Bolivie, Brésil, Chili, Colombie, Costa Rica, Équateur, Caraïbes, États-Unis, Salvador, Mexique, Paraguay, Pérou et Venezuela, l'association a connu un réel succès lors des rencontres organisées en Espagne et dans les différents pays engagés dans l'ALyC.

Des réseaux canadiens à l'ALyC.

En 1990 l'Association consortium du réseau d'enseignement à distance (CREAD) est créée avec l'appui de l'Agence canadienne pour le développement international (ACDI), l'Organisation des États américains (OEA), le Conseil international pour l'enseignement à distance (ICDE) et l'Organisation universitaire interaméricaine (OUI). Actuellement le CREAD, dont le siège est aux Etats-Unis, compte plus de 100 institutions affiliées dans 20 pays d'Amérique latine. En 1997, dans le cadre de l'OUI, est fondé le Collège de l'Amérique (COLAM) suivi, en 1999 du Réseau interaméricain de formation et d'enseignement télématique (RIF-ET), avec la participation de dix universités représentant six pays : le Brésil, le Canada, le Chili, le Costa Rica, le Mexique et Cuba.

Des associations et des réseaux nord-américains à l'ALyC

Les premières réunions de coopération pour l'éducation supérieure, réalisées en 1992, mettent en présence des représentants des gouvernements, des entreprises et des institutions d'enseignement du Canada, des États-Unis et du Mexique dans le but d'établir l'agenda de travail pour le développement des systèmes de gestion et d'échange d'informations et de connaissances. Un an plus tard, un groupe de représentant des trois pays approuve le *Strategic Plan Working Group*, la création du *North American Distance Enseignement and Research Network* (NADERN), le *North American Corporate Higher Enseignement Council* ainsi que le *Networking and Telecommunications Committee.*

Le réseau NADERN a pour finalité le développement des institutions d'enseignement supérieur, le transfert des connaissances, des informations et des technologies ainsi que la promotion de l'enseignement à distance dans plusieurs domaines. Sont essentiellement concernés des disciplines telles que l'économie, le droit du travail, les technologies industrielles, l'agriculture, les langues, l'art et la culture, l'écologie et l'environnement ainsi que la diffusion de valeurs d'ordres socioculturelle et professionnelle.

Le 1er janvier 1994, l'Accord de libre-échange nord-américain (ALÉNA) d'intégration commerciale trilatérale, permet la mise en marche d'une coopération pour l'éducation supérieure et la recherche scientifique. L'intégration trilatérale a favorisé des alliances entre entreprises globales qui ont investi dans les métiers de producteur, d'opérateur et de distributeur de technologies dans le secteur éducatif (AT&T, IBM, Microsoft, Intel, etc.). Elle a provoqué l'ouverture d'un nouveau marché et financé l'évolution d'un système qui a, d'une part, accentué les relations d'interdépendance entre institutions et Etats, et, d'autre part, accéléré la transformation structurelle de l'enseignement supérieur à distance.

Créé en 2000, et soutenu financièrement par la Banque mondiale (BM), le Réseau global d'apprentissage pour le développement (GDLN) compte actuellement plus de 60 institutions dans des pays en développement. Les alliances du GDLN et du CREAD sont à l'origine du Centre virtuel pour le développement de standards de qualité pour l'enseignement supérieur à distance en Amérique latine et des Caraïbes financé par la Banque interaméricaine de développement (BID).

Dans le même esprit, le Conseil International de l'Enseignement Ouvert et à Distance (ICDE) pour l'Amérique latine et les Caraïbes, fondé en 2003, a signé un accord avec l'OEA pour fortifier la coopération régionale de tous les pays d'Amérique, de l'Alaska à la Terre de Feu.

L'internationalisation des universités virtuelles mexicaines à l'ALyC

En 1995, l'Université nationale autonome du Mexique (UNAM) et l'Institut technologique d'études supérieures de Monterrey (ITESM) deviennent les deux premières institutions connectées aux réseaux télématiques de l'Amérique du Nord. La première est une macro université publique, la seconde une institution privée, mais toutes deux fonctionnent suivant le système de *campus*, ce qui fait d'elles des institutions pionnières de l'enseignement supérieur à distance aux niveaux local, national et continental.

Le phénomène d'internationalisation des universités virtuelles mexicaines à l'ALyC se caractérise par la convergence de trois types de réseaux :
- des réseaux académiques d'institutions et de communautés universitaires,
- des réseaux sociaux constitués d'administrations et d'entreprises,
- des réseaux de télécommunications.

C'est poussé par cette dynamique que le Système *TeleCampus* UNAM initie en 1989 l'enseignement à distance par la télévision satellitaire pour relier les différents sites sur le plan national. De son côté, l'ITESM démarre la même année ses opérations avec le Système d'enseignement interactif par satellite (SEIS) pour relier 29 *campus* dans le pays.

L'Université virtuelle de l'ITESM, ouverte en 1996, est souvent présentée comme un modèle de réseaux interuniversitaires, regroupant 33 campus, des centres récepteurs propres ainsi que des sièges dans des universités publiques et privées de l'ALyC. L'institut offre des programmes conjoints de master certifiés par l'Université de Thunderbird, l'Université de British Columbia, le MBA for Global latin american managers et l'American academy of financial management.

La convergence des réseaux de vidéoconférences interactives et d'Internet a permis la création de l'Université en ligne de l'UNAM en 1997. Les nouveaux réseaux interuniversitaires sont formés par des universités virtuelles mexicaines et latino-américaines, pour la plupart publiques, organisées dans des associations telles que l'Espace commun de l'enseignement supérieur à distance (ECOESAD), le Conseil latino-américain de l'enseignement supérieur ouverte et à distance (CLESAD) ainsi que certaines des structures déjà mentionnées.

Au niveau continental, l'UNAM a été soutenue, via de nombreux accords, par des acteurs politiques, économiques et sociaux tels que l'ATEI, le Conseil britannique et l'Union d'universités de l'Amérique latine et des Caraïbes (UDUAL) entre autres. L'ITESM est quant à elle devenu un acteur à part entière du réseau regroupant les principales entreprises et organisations du secteur privé, ainsi que la Fédération d'institutions mexicaines particulières d'enseignement supérieur (FIMPES) et la Commission d'universités de l'association des écoles et Universités du sud des États-Unis (SACS).

Conclusion

L'internationalisation de l'enseignement supérieur à distance en Amérique latine et dans les Caraïbes traduit un phénomène émergent d'expansion des réseaux des universités virtuelles au-delà des limites des frontières géographiques des pays initialement concernés. L'avenir de la globalisation des universités virtuelles latino-américaines dépendra de la façon dont seront relevés les défis de l'hyper industrialisation et de la marchandisation de la connaissance, avec en toile de fond l'apparition de marchés éducatifs qui accentuent l'actuelle tendance vers une homogénéisation des cultures. Les enjeux sont importants, il s'agit de garder en ligne de mire ce que l'on peut considérer comme la nouvelle utopie contemporaine : permettre la formation de réseaux sociaux répondant à des critères de solidarité, de confiance et de tolérance, ceci afin de garantir la justice sociale, la démocratie, l'équité, la coopération, le développement et la croissance économique au niveau global.

LE PHENOMENE CULTUREL TUNISIEN ENTRE LE LOCAL ET LE GLOBAL, APPROCHE PAR MEDIATISATION

SMATI Nozha

En nous focalisant sur l'exemple de la Tunisie, nous proposons dans cette communication de mettre en lumière les articulations repérables dans les médias de proximité entre une culture singulière à caractère local et régional et les processus de globalisation. Nous examinons la représentation du phénomène culturel en Tunisie à travers la radio régionale. Cette représentation est envisagée en rapport avec un contexte culturel plus large : celui de la globalisation et de ses conséquences sur les cultures locales. A travers le cas tunisien, nous montrerons le rôle des médias, notamment la radio, dans le processus de globalisation-localisation de la culture : face aux flux culturels venant d'ailleurs, comment, au travers de leurs contenus culturels, les radios régionales tunisiennes participent-elles à la conservation de spécificités culturelles régionales et comment participent-elles à la globalisation ? Pour clarifier ces articulations, nous nous limitons dans cette communication à l'exemple de *Radio Tataouine* au Sud-est tunisien. Cette station, que nous qualifions de territorialisée, a adopté à côté de sa diffusion hertzienne classique, une diffusion en ligne[57] qui lui a permis de conquérir de nouveaux auditeurs et de s'affranchir du carcan local, aspirant ainsi à une ouverture internationale. En effet, *Radio Tataouine* manifeste un rapport spécifique au territoire et donc un rapport à la langue et à la culture que nous expliciterons dans une partie de cette communication, en lien avec les enjeux de la diffusion du contenu de cette station via le net. Nous tenterons de montrer comment s'opère l'articulation entre globalisation et patrimonialisation à travers la médiatisation des faits culturels par cette radio en ligne. Le processus de médiatisation du phénomène culturel tunisien que nous identifions dans cette communication s'inscrit dans un contexte culturel bien spécifique mettant en œuvre deux dimensions : une liée aux spécificités culturelles et identitaires et une autre aux aspirations d'ouverture et d'échange. D'ailleurs, la politique culturelle tunisienne soutient la préservation des spécificités culturelles et la sauvegarde de l'authenticité du patrimoine tout en encourageant le dialogue avec les cultures étrangères et

[57] Site internet : http://www.radiotataouine.info.

l'interaction avec celles-ci. Le rôle des médiateurs politiques est incontournable pour tenir compte des défis de la globalisation et résister aux contenus culturels industrialisés. Comme le montre Armand Mattelart dans sa « communication-monde » (1999), face aux nouveaux dispositifs de communication transnationale, les sociétés singulières développent des réponses faites selon lui de résistance, de mimétisation, d'adaptation et de réappropriation et Michel de Certeau (1980) parle des « *manières de faire avec* » ou « *arts de faire* » qui permettent aux groupes d'utiliser et de se réapproprier des objets culturels extérieurs qui leur sont imposés. Dès lors, quelles sont, en Tunisie, les pratiques de résistance à la globalisation culturelle ? Quelles stratégies met-on en œuvre face aux contenus culturels de masse ? C'est l'objet de notre communication qui articule culture, média, globalité et localité.

La médiatisation culturelle par *Radio Tataouine* : éléments de contextualisation

Notre approche de la culture en Tunisie, du point de vue médiatique, nécessite tout d'abord une contextualisation pour situer en amont le phénomène culturel tunisien et comprendre en aval son processus de médiatisation. Comme nous le rappellent Pierre Paillé et Alex Mucchielli « *L'esprit de l'homme procède toujours par contextualisation pour trouver les significations des choses* » (Paillé, Mucchielli, 2003 : 11). Ainsi, nous estimons nécessaire de confronter le phénomène culturel étudié avec des éléments dits « contextuels » dans lesquels il prend place : en Tunisie, une culture occidentale articulée aux industries culturelles coexiste avec une culture tunisienne qui aurait plus tendance à se centrer sur une patrimonialisation. Par ailleurs, les interactions entre ces deux cultures sont souvent caractérisées par des va-et-vient, des rejets et des emprunts, des chevauchements entre occidental et tunisien, entre local et global. La représentation de la culture en Tunisie doit donc être examinée en relation avec ces interactions pour être située spécifiquement. Dans le cadre de notre recherche doctorale (Smati), nous avons mené une analyse systématique de contenu de quelques revues et radios régionales lancées au Sud et au Sahel tunisiens. Cette analyse de la médiatisation culturelle par ces médias a révélé l'importance de ces dynamiques entre local et global, entre patrimonialisation et globalisation. Nous le montrons clairement à travers quelques exemples repérés sur *Radio Tataouine*. Cette station, fondée le 7 novembre 1993, est régionale publique à caractère généraliste ; elle est ancrée dans un territoire bien déterminé, celui du Sud-est de la Tunisie, avec ses spécificités. La radio a été créée suite à une politique de décentralisation de l'information dans le but de dynamiser la vie sociale, économique et culturelle dans la région.

Sous le slogan *Arous As-sahra* (La Mariée du Sahara), *Radio Tataouine* diffuse ses programmes en langue arabe pendant 18 heures par jour en modulation de fréquence (FM)[58]. La radio fonctionne grâce à une équipe de 57 personnes réparties dans le service des informations et le service de la production. Elle dispose d'un réseau de correspondants à hauteur d'un par chef-lieu des gouvernorats de la région du Sud et d'un pour Tunis. *Radio Tataouine* est un média territorialisé dans la mesure où il s'intègre dans une logique de recomposition ou de production des nouveaux territoires. En fait, le mouvement de territorialisation des médias s'intègre dans un processus de marquage du territoire. Il permet d'établir non seulement une circulation des informations mais aussi un territoire de contact, de relation et de construction de lien. Les médias territorialisés doivent « *s'intéresser au territoire vécu (territoire parcouru, territoire perçu, territoire sémantisé...), au territoire du temps passé (histoire, héritage, mémoire) et au territoire du temps futur (territoire-projet)* » (Boure, Coulomb-Gully, 2001 : 132). Il s'agit d'une définition culturelle du territoire : un territoire d'identité, d'ancrage et d'appartenance. Cependant, ce territoire n'a de sens que lorsqu'il entretient des relations avec les autres niveaux territoriaux à savoir le national et le mondial. D'ailleurs Armand Mattelard l'a bien souligné lorsqu'il écrit que « *toutes les échelles de la réalité, l'international, le local, le régional et le national, n'ont de sens que si on les articule entre elles, que si l'on met en relief les interactions, que si l'on refuse d'établir des dilemmes et des binarités pour rechercher les passerelles, les médiations et les négociations qui s'opèrent entre les diverses dimensions, sans négliger pour autant l'existence bien réelle des rapports de force entre elles* » (Mattelard, 2002 : 298). L'analyse d'émissions culturelles diffusées sur cette station rend manifestes les rapports qui existent entre le local et le global : la programmation culturelle de cette station régionale repose sur des émissions patrimoniales locales mais aussi sur d'autres à caractère moderne voire globale. Ainsi par des émissions telles que : *Touboul al farah* (Les tambours de la joie) *Miaad al ajdad* (Le rendez-vous des ancêtres) ou encore *Istirahatu al chouaara* (La détente des poètes), la station affiche une valorisation du patrimoine musical et populaire, une identification et un ancrage territorial fort. C'est d'ailleurs ce type d'émissions que les auditeurs de *Radio Tataouine* préfèrent[59] car ils s'identifient facilement aux traditions, aux savoir-faire ancestraux, aux expressions orales et aux valeurs qui sont exprimés au travers de celles-ci. Il s'agit, au sens de Jean-Pierre Warnier (2003 : 11), de médiatisation de « culture-boussole », qui joue la fonction d'identification et d'orientation des individus les uns par rapport aux autres. Par ailleurs à côté de cette tendance patrimoniale, des émissions, en général musicales telles que : *Safaru-l-angham* (Voyage des mélodies), *Taranim* (Mélodies) et *Iqaat alamiya* (Rythmes mondiaux) se présentent comme une fenêtre ouverte sur d'autres cultures et d'autres goûts artistiques. La musique qui occupe une durée très significative dans la

[58] FM : 87.6, 89.5, 92.2, 96.6 et 102.6 MHz.

[59] Les émissions de *Toubloul al farah* (Les tambours de la joie) et *Miaad al ajdad* (Le rendez-vous des ancêtres) sont deux émissions phares avec une audience très forte (90 %).

programmation de cette station est définie dans le générique de l'émission *Voyages des Mélodies* comme « *un art, une civilisation, une opinion et elle est la langue des populations unies* ». Nous n'avons pas ici à retracer l'analyse de contenu de ses émissions mais nous nous intéresserons, à travers l'étude de cette radio en ligne, aux possibles interactions entre les deux échelles (locale et globale) en matière de culture en nous interrogeant aussi sur les aspects de territorialisation, de déterritorialisation voire aussi de reterritorialisation qui se dessinent à travers le contenu proposé dans le site web de *Radio Tataouine.*

Radio Tataouine en ligne : quelle articulation entre patrimonialisation et globalisation ?

Dans le processus de globalisation, la notion de « réseau » est omniprésente. Les réseaux de globalisation (c'est le cas d'Internet), acquièrent une dimension sociétale et culturelle permettant de toucher une plus large population. L'écoute de la radio en ligne, nous le verrons, permet aux radionautes d'investir de nouveaux territoires loin des contraintes temporelles, et les invite à modifier leurs pratiques habituelles en impliquant de nouveaux usages. A travers l'analyse du processus de médiatisation de la culture par *Radio Tataouine* en ligne nous mettrons en lumière les aspects culturels les plus apparents et les plus représentatifs de la médiatisation culturelle en Tunisie. Nous nous interrogerons précisément sur la nature des rapports qu'entretient cette webradio avec la culture, le territoire et la langue : éléments susceptibles d'identifier les interactions entre local et global en matière de culture. Pour cela, nous avons travaillé sur le site de *Radio Tataouine* du 15 mars 2008 (grille hiver 2008).

Nous avons abordé l'organisation du site du point de vue informationnel et iconographique. Le site de *Radio Tataouine* n'est pas officiel[60], il a été créé bénévolement en 2006 par un animateur de la radio, Arafat Dhib' qui a animé et produit des émissions ayant pour thème Internet, actuellement *Soirée_net.* Le site est consultable selon deux interfaces, une en arabe et une autre en français. Cette dernière est une traduction intégrale de l'interface arabe. Ce choix de présenter le site en deux versions (arabe et français) est significatif dans la mesure où il valorise la langue de sa diffusion qui est l'arabe et permet aux internautes francophones d'accéder au contenu de cette radio. Selon Louis Porcher (1995 : 53), « *toute langue véhicule avec elle une culture dont elle est à la fois la productrice et le produit* » : le choix de la langue arabe pour la présentation du site, à l'opposé d'autres sites radios tunisiens qui optent pour une mixité linguistique privilégiant le français et l'anglais, marque donc une affirmation identitaire et une valorisation linguistique et culturelle. De plus, le site de *Radio Tataouine* est présenté en arabe littéraire et non pas en dialecte tunisien. Cela permet aux arabophones de

[60] Selon la direction de *Radio Tataouine* les radios régionales tunisiennes (5 radios) auront prochainement des sites web officiels et professionnels qui leur permettront de diffuser via le net.

toute partie du monde d'accéder facilement au contenu du site étant donné que « *cet arabe écrit, ou littéraire, ou moderne, coexiste dans tous les pays arabophones, avec des langues essentiellement parlées, qui varient selon les pays et autrefois les appartenances ethniques, des langues souvent appelées "dialectes" par opposition à l'arabe "classique"* » (Grandguillaume Gilbert, 2004). L'arabe représentait et continue jusqu'à ce jour de représenter la tradition, l'authenticité, l'identité et la légitimité. Par ailleurs, nous soulignons que la langue qu'on entend dans les émissions de *Radio Tataouine* est l'arabe littéraire pour les émissions culturelles et les journaux radiodiffusés, et le dialecte tunisien avec les accents et le lexique de la région du Sud pour l'animation et les émissions patrimoniales. Le français et l'anglais sont absents du registre linguistique de cette radio.

Sept grandes rubriques constituent l'arborescence du site de la radio : *Accueil, Le direct, Livre d'or, Contact, Forum, Evénements et Les programmes.* La rubrique « Accueil » donne à voir une page très chargée d'informations extrêmement diverses notamment des présentations d'émissions phares autour du festival international des ksour sahariens qui se déroule chaque année à Tataouine du 21 au 23 mars : soirée *Alf layla wa layla* (Mille et une nuits) et soirée *Mouquf* (chant patrimonial des hommes) ; la diffusion de cette radio régionale sur le net permet d'ailleurs à ce festival de dépasser les frontières de la région pour accéder à l'international et de faire connaître ses activités qui visent essentiellement la valorisation du patrimoine historique, populaire et musical de la région du Sud-est. Toujours sur cette même page d'accueil, nous distinguons une icône audio qui permet d'écouter un poème du poète populaire Béchir Abdeladhim, originaire de la région Sud-est. Dès l'« Accueil » du site, la radio s'inscrit donc, à travers les éléments que nous venons de citer, dans un territoire culturel qui a ses spécificités. Grâce à la radio en ligne, les pratiques des auditeurs/radionautes changent. En fait le site leur offre la possibilité de choisir les contenus à l'opposé du flux radiophonique hertzien quasi linéaire. Le site de *Radio Tataouine* permet aux auditeurs d'autres modalités d'écoute en leur proposant de revenir sur quelques émissions sous forme de "best of ". Cette modalité contribue à changer le statut de la production radiophonique : il s'agit d'une sorte de médiathèque ou d'archive radiophonique ; on passe du flux radiophonique à un produit de stock. Ce qui nous interpelle ici c'est la sélection de ce qui a été retenu pour être stocké sous forme de "*best of*" ; il s'agit d'un côté d'émissions patrimoniales telles que *Touboul al farah* (Les tambours de la joie)[61] qui consiste en des chansons et poèmes populaires et *Miaad al ajdad* (Le rendez-vous des ancêtres) présentée comme une soirée de patrimoine à travers des chansons et des contes patrimoniaux. Ces deux émissions, présentées par deux animateurs vedettes, sont très suivies par les auditeurs de la région qui participent activement à chacune d'entre elles par des chansons et des poèmes,

---

[61] Emission de grande écoute et de notoriété régionales qui a commencé fin 1997 avec aujourd'hui plus de 500 émissions présentées.

contribuant ainsi à la sauvegarde du patrimoine musical du Sud menacé de perte. Ces démarches encouragées par la station jouent un rôle de résistance aux flux culturels venant d'ailleurs. En contrepartie, nous distinguons en "*best of*" des émissions qui marquent une ouverture sur la musique mondiale, telles que : *Dj Kam* et *Mix Oriental*. Ces exemples révèlent la ligne éditoriale de la radio en matière de culture entre patrimonialisation et internationalisation.

L'interactivité que permet le web est productrice d'échanges et de discussions entre la communauté d'internautes indépendamment du temps et de l'espace. Internet offre ainsi, selon Arjun Appadurai (1996 : 268), de multiples moyens de reconstituer des communautés d'imagination qui rassemblent les migrants et ceux qui sont restés au pays. Les forums de discussion ainsi proposés, en arabe et en français, participent à la création de « *réseaux de sociabilités* » (Dayan, 2000). Il s'agit d'un espace social qui s'enrichit par les échanges d'internautes sur les programmes de la radio puis par des échanges qui tendent plus vers des histoires personnelles, des soucis de la vie privée voire de l'intimité. A travers ces discussions, la radio révèle une certaine reterritorialisation d'auditeurs déterritorialisés, tel ce témoignage sur le forum « *Salam je suis thouraya de paris(93) et je veut vous parlé de la vie en france, j'ai 22 ans et je suis née en france mais walah figuré vous que ce n'ai pas une vie en france.... quand je suis en tunisie je suis l'une des personne a etre bien dans ma tete il ny a pas de soucie c'est le repos total... mais walah en france on est stressé le travail, la pollution, il n'y a pas d'aire contrairement a medenine jerba et tataouine... d'ici 3 ans je vais investire de vire dans mon pays que j'aime..* ». Ce texte, comme c'est le cas dans les discussions sur forums, blogs ou par MSN partout dans le monde présente des formes linguistiquement et orthographiquement très altérées. Certains radionautes suggèrent aussi un forum sur lequel ils peuvent poster des photos de la région de Tataouine, évoquant ainsi un besoin de territorialisation et d'appropriation du territoire assez fort.

Résistance à la globalisation culturelle : pratiques politique et médiatique

La notion de « résistance » renvoie, si on se réfère au *Petit Robert*, à une multitude d'actions qui s'inscrivent dans la défensive face à une autre force. Mais ce verbe peut aussi s'inscrire dans l'action et l'offensive, dans le sens où il désigne aussi : « s'opposer à » et « lutter contre ». En langue arabe, le *Lisān al-'arab*, le plus prestigieux dictionnaire encyclopédique arabe, ne s'éloigne pas de cette définition. En effet, si on traduit résister par *qāwama* et résistance par *muqāwama*, la *muqāwama* signifie alors le fait de s'élever contre, de ne pas succomber. La notion peut avoir une connotation positive dans la mesure où elle est synonyme d'héroïsme, lorsqu'il s'agit par exemple d'une lutte contre l'envahisseur. Mais « résister » peut aussi avoir une connotation négative dans le sens où la résistance à la modernité, par exemple, peut être jugée comme signe d'archaïsme et d'arriération. Comment se manifeste la « résistance » à la mondialisation culturelle en Tunisie ?

La mondialisation suscite de nombreuses craintes d'ordre culturel : la disparition des cultures locales (langue, tradition, gastronomie, système de valeurs, etc.) face à l'émergence d'un « village planétaire » à la culture standardisée ; la négation des cultures autres qu'occidentales et notamment américaine ; la marchandisation de la culture qui entraînerait absence de créativité et recherche de rentabilité et aboutirait à un appauvrissement et une uniformisation des cultures. Le gouvernement tunisien est conscient de ces menaces sur lesquelles le chef de l'Etat s'exprime en disant que : « *L'humanité affronte, en ce début du troisième millénaire, des défis majeurs qui dépassent les domaines économique et politique, pour poser, dans le contexte de la mondialisation, de nouveaux enjeux aux niveaux culturel et civilisationnel qui menacent, désormais, les identités nationales et les cultures locales de dépérissement et de standardisation* [62] . ». En fait, les développements technologiques, notamment en matière d'audiovisuel, rendent les gouvernements nationaux incapables de contrôler ou de délimiter la dissémination de la culture étrangère à l'intérieur de leurs territoires ; c'est d'ailleurs le cas en Tunisie avec la multiplication des télédiffusions par satellite. Cependant, les tendances à l'uniformisation culturelle se heurtent à des formes et des stratégies de résistance assez diversifiées qui permettent de la relativiser. Comme le souligne Arjun Appadurai (1996 : 33), «*Chaque jour apporte un peu plus la preuve que la consommation, dans le monde entier, d'informations diffusées par les mass médias provoque souvent un mouvement de résistance, une mise à distance ironique, l'envie de faire le tri et, de manière générale, de réagir* ». En Tunisie, comme c'est le cas pour d'autres pays en voie de développement mais aussi développés, on assiste à des résistances sous une double forme, la politique culturelle de l'Etat et les choix médiatiques.

La politique culturelle mise en œuvre en Tunisie offre un cadre à la perception de la culture de ce pays et montre les stratégies nationales adoptées en la matière. Elle permet, par ailleurs, de légitimer et de réglementer les contenus culturels sur le territoire national. Actuellement, le Ministère de la culture et de la sauvegarde du patrimoine tunisien exécute la politique culturelle de l'Etat en ayant pour missions premières : « *assurer la sauvegarde et la promotion de la culture nationale et rechercher, conserver et rendre accessibles les éléments de cette culture, qu'ils aient trait au passé ou au présent* »[63]. La sauvegarde du patrimoine matériel et immatériel apparaît au premier plan des attributions du Ministère qui adapte ses actions dans cette optique. Le soutien des festivals de musique, de traditions populaires, de patrimoine culinaire et

---

[62] Discours du Président Zine El Abidine Ben Ali, à l'occasion de la célébration de la journée nationale de la culture 2 juin 2007[en ligne], [réf. du 12 avril 2008]. Disponible sur : <http://www.carthage.tn.

[63] Attributions du Ministère de la culture et de la sauvegarde du patrimoine [en ligne], [réf. du 12 avril 2008]. Disponible sur :
<http://www.culture.tn/culture/HTML/culture.htm.

historique, largement développés en Tunisie, est au cœur de la stratégie de la conservation et de la préservation des cultures du passé en réaction à la mondialisation de la culture. Parallèlement, les médias tunisiens s'impliquent dans ce processus de préservation de ce patrimoine à travers l'encouragement de la production d'émissions patrimoniales. Celles-ci contribuent à la conservation des cultures et à limiter leur érosion grâce à la valorisation d'« *éléments solides des cultures-traditions* » (Warnier : 76). Certaines émissions[64] notamment sur les radios régionales tunisiennes ont fait leur preuve en matière de collecte du patrimoine musical et de préservation du cachet authentiquement tunisien. Ces stratégies qui reposent sur une mise en avant de la patrimonialisation au travers des choix politiques et médiatiques, constituent un des aspects de la résistance à l'uniformisation culturelle. Par ailleurs, cette forme de résistance ne tend pas au rejet des autres cultures puisque le Ministère de la culture doit « *œuvrer dans le cadre du respect de l'authenticité et de l'originalité propre de la culture nationale, ménager à celle-ci les ouvertures nécessaires sur les autres cultures et sur les courants vivifiants de l'évolution culturelle dans le monde*[65] ». Ainsi, on assiste non pas à l'uniformisation contestée, mais à une diversification des contenus culturels alliant les deux échelles : le local et le global.

Il s'agit plutôt de métissage de cultures qui contribue à la mise en valeur des particularités de la culture locale. De nombreuses émissions radiophoniques[66] portant sur les arts plastiques, le théâtre, le cinéma et la musique ont mis en œuvre cette logique de cultures métissées en médiatisant non seulement ce qui se passe en Tunisie mais aussi ce qui est édité ailleurs dans ces divers domaines. Ces émissions témoignent davantage d'une hybridation culturelle que de l'homogénéisation. Dans cette optique, les consommateurs/ auditeurs adoptent des « *arts de faire* » qui leur permettent de se réapproprier les contenus médiatisés. Les auditeurs tunisiens notamment la jeunesse adoptent des pratiques. Ainsi, la consommation devient l'art d'utiliser les produits, un art qui permet aux cultures particulières de s'ouvrir les unes aux autres et de s'entrecroiser avec des cultures venant d'ailleurs sans pour autant perdre leurs valeurs et leurs pratiques originales qui donnent sens à leur existence.

---

[64] Nous citons à titre d'exemples l'émission *Touboul al Farah* (Les Tambours de la joie) sur *Radio Tataouine* au Sud-est et l'émission *Khazain al alhan* (Le réservoir des mélodies) sur *Radio Monastir* au Sahel.

[65] Attributions du Ministère de la culture et de la sauvegarde du patrimoine, *ibid*.

[66] Nous citons à titre d'exemples et respectivement pour chaque domaine les émissions suivantes: *Lawhat wa abaad* (Tableaux et perspectives », et *Raba' al founoun* (Le 4ème art) sur *Radio Tataouine*. ; *Saba' al founoun* (Le 7ème art) et a*ngham* (Mélodies) sur *Radio Tataouine*.

MULTIMEDIA CULTUREL : L'IMPOSSIBLE INDUSTRIE

LAVIGNE Michel

L'arrivée du micro-ordinateur auprès du grand public a ouvert la porte à de nouveaux moyens de diffusion culturelle. Après avoir été essentiellement un outil technique et de gestion, l'ordinateur devient « multimédia » dans les années 1990, objet de consommation et de loisir capable de proposer des « contenus ». Ces contenus se différencient de ceux proposés par les supports antérieurs des industries culturelles (livre, cassette vidéo...) par leur nature numérique qui leur permet d'associer toutes sortes de données jusque-là techniquement séparées (textes, sons, images, vidéos...) et de les relier par programmation informatique, offrant au consommateur des choix « interactifs ». Ainsi peuvent être élaborés de nouveaux types de programmes que l'on qualifie de « multimédia », terme discutable (Bureaud, 2004), mais adopté tant par l'industrie du matériel que celle des contenus. Dès lors se pose la question de la capacité du multimédia à générer une nouvelle industrie culturelle à l'image par exemple du cinéma ou des industries musicales.

Le concept d'industrie culturelle, forgé par Adorno dans un sens critique du capitalisme, puis repris au pluriel dans les années 1970 (Miège, 1978) pour mettre en exergue la diversité des modèles et en préciser les modalités, permet de qualifier les secteurs économiques basés sur la reproduction et la diffusion industrielle de biens culturels, biens qui sont particularisés à la fois par leur qualité d'« œuvres de l'esprit », issues d'un travail de création original, et par leur nature économique.

L'univers numérique est caractérisé, quant à lui, par la rapidité des évolutions technologiques permanentes ainsi que l'explicite la loi de Gordon Moore[67]. Cet état de fait rend difficile la stabilisation autour de types de productions clairement identifiés et le temps technologique est de plus en plus décalé face à la nécessaire temporalité de la création.

---

[67] Gordon Moore, co-fondateur d'Intel, a établi en 1965 que l'évolution de l'industrie de l'électronique, du fait de la miniaturisation des composants, provoque le doublement de la puissance des circuits tous les 18 mois.

L'étude des modèles de production multimédia nous amène à identifier au milieu des années 1990 le CD-ROM comme support de reproduction, avec un type de contenus qui s'identifie à lui et en particulier la production de CD-ROM dits « culturels » que nous avons étudiés précédemment (Lavigne, 2005)[68]. Puis, à la fin des années 1990, le développement d'Internet propose de nouveaux modes de consommation culturelle numérique. De ces travaux nous souhaitons aujourd'hui élargir la perspective en confrontant le CD-ROM culturel aux pratiques actuelles d'Internet. Cette démarche doit nous permettre de développer une nécessaire vision historique du multimédia et de mieux en comprendre les devenirs possibles. En effet, si les références sur l'histoire des technologies du multimédia sont nombreuses, l'on est confronté à un vide quant à celle des contenus et des usages. Il semble que la frénésie technologique soit accompagnée d'une amnésie des contenus, à croire que ceux-ci ne sont plus nécessaires dans le monde du virtuel. Aussi nous questionnerons les contenus interactifs afin d'envisager les nouvelles formes expressives et artistiques possibles, les modalités de création et de réception, et les modèles économiques pouvant les accompagner.

Le CD-ROM culturel, modèle d'une industrie culturelle du multimédia

Les micro-ordinateurs se voient adjoindre à partir du début des années 1990 une carte son et un lecteur de CD-ROM qui leur donnent une attractivité nouvelle. Ce lecteur peut recevoir des disques numériques contenant des programmes dits « multimédias » que l'on peut proposer au consommateur ainsi équipé.

Le lancement commercial de ces nouveaux produits se fait en France en 1994, avec la particularité de s'appuyer sur des contenus dits « culturels » : cette catégorie fourre-tout permet de rassembler divers types de contenus, dont l'essentiel est constitué de programmes de type documentaire permettant de découvrir des musées, des œuvres artistiques, des thèmes historiques... L'assemblage de multiples types de documents (textuels, iconographiques, sonores...) et la consultation interactive en font des objets culturels nouveaux permettant une approche originale de ces sujets. La sortie du CD-ROM *Le Louvre, peintures et palais*[69] pour les fêtes de la fin de l'année 1994, constitue un événement clé dans le lancement du multimédia culturel en France. Ce titre, fortement médiatisé, vanté comme le symbole de l'alliance de nos traditions culturelles et des technologies les plus modernes, connaîtra des chiffres de vente élevés et un succès international.

Le CD-ROM culturel se présente donc comme un nouveau modèle d'industrie culturelle, de type éditorial, reposant sur la reproduction massive de

[68] Nous conseillons au lecteur de se reporter à l'article cité pour disposer d'éléments plus précis sur le sujet.

[69] Le Louvre, peintures et palais, Montparnasse Multimédia, Réunion des Musées Nationaux, BMG, 1994.

programmes d'un genre nouveau sur un support matériel. De par son mode de production il se rapproche de l'industrie du cinéma. La création du produit mobilise de nombreuses compétences tant artistiques que techniques. Alliées aux compétences informatiques, sont nécessaires, des compétences dans le graphisme, l'audiovisuel, le son ou encore la scénarisation. De plus, chaque production requiert la collaboration de spécialistes des contenus abordés. Les équipes réunies pour chaque production sont hétérogènes, caractérisées par la division du travail et la spécialisation des intervenants au cours d'un processus long et complexe. De ce fait, les coûts de production sont élevés, comparables au budget d'un film. Pour réunir des fonds importants, le montage des structures de production s'organise en rassemblant des acteurs à la fois techniques et financiers provenant de milieux divers : télévision, informatique, presse, télécommunications, institutions culturelles... Les coproductions permettent de partager les risques, de minimiser les coûts et de présenter des dossiers solides susceptibles d'être admissibles pour l'octroi de subventions publiques qui viennent compléter le financement. Le corollaire de la caractéristique artistique des biens produits par les industries culturelles est la grande volatilité de la demande et donc une imprévisibilité de leur succès ou de leur échec. Chaque produit est unique et représente un pari. Ce n'est qu'en proposant un nombre important de titres que les financeurs peuvent se prémunir de l'aspect aléatoire de la diffusion, les succès devant compenser les échecs. Cette stratégie qui consiste à répertorier les produits dans un catalogue, et à laquelle le CD-ROM culturel n'échappe pas, est caractéristique des industries culturelles reposant sur le modèle éditorial (Miège, 2000).

Nous constatons une course à la production au cours des années 1995 et 1996, course non sans risques, chacun cherchant à prendre au plus vite ses marques sur un marché promis à un brillant avenir. Il s'agit alors de remplir les futurs catalogues, l'exigence n'est pas forcément à la qualité et la prudence n'est pas de mise chez les éditeurs. C'est en 1997 que sont largement distribués des catalogues importants, remarquables par le nombre de titres et leur diversité. Les catalogues que nous avons étudiés font ressortir plusieurs centaines de titres relevant du culturel (en excluant les jeux et les outils logiciels). Parmi ceux-ci les titres consacrés aux musées (Louvre, Orsay, L'Hermitage...) et à la peinture (Cézanne, Van Gogh, Delacroix...) sont dominants. Cette abondance des titres liés à la culture est telle que les éditeurs se font parfois concurrence avec des titres sur les mêmes sujets. Au-delà des sujets traités, il s'agit de donner une légitimité artistique propre au CD-ROM culturel en tant qu'œuvre de création. Les éditeurs et la presse participent dans leur communication à la création d'une « aura » artistique qui tranche avec la froideur technique jusque-là associée aux ordinateurs. Ainsi que le note Bernard Miège (2000 : 30) « les marchandises culturelles (...) doivent être marquées du sceau sinon de l'unique, du moins du génie créatif ». Ainsi se développe un discours sur « l'écriture multimédia » qui cherche ses spécificités, à l'image de l'écriture cinématographique.

Le multimédia est parfois qualifié de « 10ème art », dans lequel les créateurs français feraient preuve d'un génie particulier stigmatisé par le mythe de la " *french touch* ".

La presse joue un rôle essentiel dans la constitution de cette construction. Des interviews ou des reportages tentent de consacrer l'image des réalisateurs multimédias les plus en vue. Apparaissent des pages culturelles spécialisées dans la critique des CD-ROM, telles que celles du supplément hebdomadaire du Monde consacré à la culture et aux spectacles qui devient en 1996 « TRM » (Télévision, Radio, Multimédia). Chaque semaine, un ou plusieurs CD-ROM sont analysés à la manière des critiques cinématographiques.

Du CD-ROM à Internet : la dislocation du modèle

Si le modèle que nous venons de décrire présente toutes les caractéristiques d'une industrie culturelle nouvelle, il ne peut prendre son ancrage qu'en affirmant sa viabilité économique. Alors que des centaines de titres ont envahi le marché et que des sommes considérables ont été investies dans la production, il apparaît dès la fin 1996 que les ventes ne suivent pas : seuls quelques titres phares atteignent l'équilibre financier, l'immense majorité des CD-ROM constituent des échecs commerciaux et se vendent à moins de 1000 exemplaires. Cet échec se confirme en 1997 avec des maisons de productions qui déposent le bilan ou abandonnent le secteur. Malgré des baisses de prix, les diffuseurs ne parviennent pas à susciter le développement de la consommation. Les nouveaux titres se raréfient et les porteurs de projets ne trouvent plus de financeurs. Ce déclin se fait dans la discrétion, les producteurs n'ayant aucun intérêt à ébruiter leurs déboires afin d'écouler au mieux leurs stocks, ce qui a contribué au maintien du mythe du multimédia culturel en France.

Aujourd'hui, ce marché se limite à quelques titres généralistes, avec toujours le Musée du Louvre en vedette. Si le multimédia culturel existe encore, on doit constater qu'il représente une niche extrêmement réduite. C'est Internet qui est devenu aujourd'hui un phénomène de masse et le support de diffusion essentiel des programmes multimédias. Au milieu des années 1990, il était d'usage de penser que le CD-ROM était le domaine des contenus de qualité, alors qu'Internet était destiné aux services et à l'information jetable. L'accroissement des débits et le progrès des technologies permettent aujourd'hui de diffuser des contenus lourds sur Internet. Mais nous constatons que nous n'y trouvons toujours pas de programmes scénarisés comparables aux CD-ROM et susceptibles d'être commercialisés. Pour autant peut-on dire qu'Internet est aujourd'hui un désert culturel livré à la publicité et aux services commerciaux, après le mirage du CD-ROM culturel ? Afin de donner un éclairage synthétique des problématiques posées, nous nous cantonnerons à un seul exemple, pour comparer la réponse à un questionnement culturel par le CD-ROM des années 1990 et Internet aujourd'hui.

Nous avons choisi ici une étude de cas avec une œuvre emblématique : la Joconde de Léonard de Vinci. Le tableau fait partie des 100 œuvres mises en scène dans *Le Louvre, peintures et palais*, le CD-ROM phare du multimédia commercialisé en 1994. Le CD-ROM présente le tableau par un commentaire audio de 35 secondes, la bibliographie de Léonard de Vinci sous forme d'un texte de 25 lignes, la composition avec des animations et un commentaire audio de 45 secondes. Tout cela ressort des modalités textuelles ou audiovisuelles. Plus originaux et spécifiques au médium numérique figurent des outils tels qu'une loupe qui permet de découvrir des détails du tableau ou la localisation dans le plan des salles du musée ou dans la chronologie des œuvres. L'ensemble des informations disponibles peut être consulté assez rapidement (en moins de cinq minutes).

La recherche d'informations sur Internet passe par l'utilisation d'un moteur de recherche. En utilisant Google, nous obtenons une page proposant 10 liens, et l'accès possible à un nombre de pages qui paraît sans limites. Noyé sous cette avalanche de réponses nous savons dès le départ que nous devrons faire des choix pour ne consulter qu'une infime part de celles-ci. Nous sommes néanmoins guidés par l'ordre des priorités proposé par le moteur de recherche, la première réponse étant censée être la plus appropriée. De fait, le premier choix est une fausse piste puisqu'il s'agit du lien vers la base « Joconde », catalogue des collections des musées de France.

Le second lien est celui de l'encyclopédie Wikipédia. Nous y trouvons un contenu textuel plutôt disparate de plus de 80 lignes truffées de liens hypertextes, une bibliographie et une liste de liens externes. En suivant le premier lien ici indiqué, nous arrivons sur le site d'Insecula « guide intégral du voyageur » proposant l'accès à « 176 musées » et « 27446 œuvres » et une fiche texte sur la Joconde d'une longueur équivalente à celle de Wikipédia à la fois plus homogène et moins ouverte (pas de liens).

Le deuxième lien proposé par Wikipédia est celui du site officiel du musée du Louvre qui propose « La Joconde à la loupe », série d'animations interactives avec des procédés comparables à ceux d'un CD-ROM tels que la navigation à la loupe et de multiples animations de type audiovisuel. Les contenus sont beaucoup plus complets que ceux du CD-ROM : 7 animations audiovisuelles dépassant chacune la minute. Nous noterons cependant une différence notable : ces éléments constituent un module d'une partie du site du Louvre intitulée « Les œuvres à la loupe », œuvres qui ne sont actuellement qu'au nombre de 9. L'ensemble apparaît comme une vitrine de quelques œuvres phares du Musée destinée à attirer des publics et non un ensemble exhaustif. Nous arrêtons là cette rapide promenade qui pourrait continuer dans de multiples directions inattendues telles que le site d'un Institut canadien qui propose un examen tridimensionnel de la Joconde à partir de ses recherches en imagerie 3D. Nous sommes donc face à un foisonnement d'informations : à la proposition bien délimitée du CD-ROM, Internet oppose une infinité de références qui rebondissent les unes vers les autres. Les conséquences sont la richesse disponible et aussi la difficulté d'orientation avec le risque d'éparpillement et de fausses pistes. Ici pas de scénarisation pré-formatée ni de réponse définitive, le visiteur doit faire son propre parcours, confronté à la fragmentation d'informations concurrentes. L'avantage pour le visiteur est la gratuité d'accès. Par quel mode de production ces informations sont-elles mises à notre disposition ? Nous constatons une diversité de modèles, aucun ne recourant à un financement par la vente directe des informations culturelles.

Avec Wikipédia, nous sommes face à un espace communautaire constitué par les utilisateurs eux-mêmes, avec le risque de contenus suspects parce que rédigés par des personnes non habilitées, risque en principe contrôlable puisque nous pouvons accéder aux coulisses de leur construction dans la page de discussion. Dans le cas d'Insecula, nous sommes dans le cadre plus affirmatif d'une encyclopédie de type touristique qui vise d'abord le quantitatif avec une multitude de reproductions et la présence de publicités ciblées sur les voyages et le tourisme pour financer le site. Avec la présentation multimédia très soignée du Musée du Louvre, nous sommes face à un double financement : d'une part celui de l'institution qui trouve son compte dans la communication autour de son patrimoine, d'autre part un complément apporté par des mécènes qui y voient l'occasion de valoriser leur image.

De l'industrie culturelle à la dissolution culturelle

De par cette rapide promenade, nous constatons qu'Internet ne constitue pas un modèle d'industrie culturelle puisque la mise à disposition des biens répond à des logiques très disparates, avec pour point commun une dévalorisation économique de l'information devenue gratuite. Si Internet ne peut entrer dans le cadre du modèle éditorial, il ne relève pas non plus du modèle qualifié de *flot* (Miège, 2000) qui suppose un programme fixé par un diffuseur. Si ce modèle peut s'appliquer à certains sites institutionnels, il ne peut plus s'appliquer à l'essentiel du web, notamment aux sites de type communautaire dans lesquels la barrière producteur / consommateur d'informations s'estompe et l'information se construit en permanence de façon non prévisible. Plus de programme donc, et plus d'instance désignée de production, tout au plus un cadre de communication dans lequel les informations perdent leur valeur marchande en même temps que s'accroît leur abondance.

Le mouvement vers la profusion de l'information culturelle est une tendance historique lourde. Après la rareté de l'œuvre unique (les manuscrits du Moyen Age), les possibilités de diffusion des informations culturelles n'ont cessé de se développer avec la reproduction et la commercialisation des supports, de l'imprimerie au CD-ROM. Aujourd'hui la dématérialisation d'Internet fait disparaître leur localisation et les rend ubiquitaires et incontrôlables. La marchandisation de la culture, critiquée par Adorno, a atteint son point culminant avec la multiplication des supports physiques. La disparition du support enlève aux informations culturelles la justification économique de leur coût. Les industries culturelles productrices de support sont aujourd'hui en grande difficulté, on le constate dans l'industrie musicale qui ne parvient pas à trouver un modèle économique de remplacement à celui du disque. Cette situation incite les intérêts capitalistes à se retirer des secteurs de la production culturelle, dont on a mentionné plus haut le caractère aléatoire, et à se replier vers les marchés plus sûrs des équipements et des services. Nous constatons aujourd'hui que les batailles économiques se font sur la maîtrise des canaux de transmission : les investissements dans les télécommunications laissent espérer des profits plus importants et surtout plus réguliers. Les enjeux économiques sur les contenus deviennent secondaires et moins attractifs, ceux-ci n'étant plus que des produits d'appel pour vendre les abonnements à l'accès aux réseaux. Les contenus culturels représentent certes une valeur ajoutée, mais pas plus que l'accès à l'annuaire téléphonique ou aux boutiques en ligne.

La constitution de cette économie de rente basée sur le transport et la diffusion de l'information repose sur la prolifération informationnelle. Elle est incompatible avec une logique de rétention qui est celle de la propriété intellectuelle et du droit d'auteur. Alors que les industriels du support dénoncent le « piratage », les détenteurs des réseaux l'encouragent. Cette dépréciation culturelle contribue à la désacralisation des œuvres et de leur aura pour reprendre le terme de Walter Benjamin. Si les techniques de reproduction leur ont fait perdre leur valeur cultuelle, la dématérialisation marque une nouvelle étape plus radicale dans la « décultualisation » avec la mise en cause des notions mêmes d'œuvre et d'auteur, notions historiques et relatives si l'on en croit Pierre Lévy (1997).

Avec la dématérialisation émergent de nouveaux modes de réception et de nouvelles attentes du public reposant sur une consommation fragmentée (déjà annoncée par le zapping télévisuel) et appropriée par chaque individu. Le morcellement des propositions culturelles en modifie la nature, au détriment de la notion d'œuvre, produit fini. Ce *déformatage* se manifeste dans l'émancipation du support physique et également dans l'émancipation des temporalités collectives de consommation des industries de flot telles que la radio ou la télévision. La grande messe du vingt heures se voit détrônée par l'information en continu diffusée sur les portails du net. Les informations sont lapidaires, livrées sous forme de dépêches. Plus de mise en scène de l'information, le travail de réflexion et de remise en perspective est à la charge de chaque internaute. Ainsi le travail de l'artiste assembleur est remis en question : les créateurs voient leur intervention limitée à la production de cadres ouverts et évolutifs au lieu de la réalisation d'œuvres définitives et achevées. Dans le même temps, les possibilités participatives ainsi que les nouveaux outils numériques ouvrent la porte de la création aux non professionnels et la frontière entre consommateurs et producteurs de contenus s'estompe. Les créateurs ne peuvent plus ignorer leur public : ils doivent prévoir les modalités de son intervention ainsi qu'en témoignent les sites de presse en ligne où à chaque article s'associent les commentaires et réactions des internautes.

De ces nouvelles pratiques ressortent de nouvelles formes de création reposant sur le mixage, dont la musique techno est un exemple particulièrement illustratif (Weissberg, 2001). Surabondance, flux, mélanges : tous les secteurs de la création culturelle sont contaminés par ces tendances lourdes remettant en question les anciens modèles structurants de la création culturelle dans un large mouvement de dissolution. Nous avancerons donc qu'un régime de *dissolution culturelle* est en train de s'installer qui nous amène à repenser la place de la culture elle-même, de son mode de production et de son rôle social.

Conclusion

Il nous apparaît aujourd'hui que les interrogations sur la nature artistique des œuvres interactives dans les années 1990 étaient largement en deçà du bouleversement opéré par la numérisation de la culture, bouleversement qui prend sa pleine mesure avec l'ère connective qui succède à la première époque de l'ère interactive. Cette myopie n'est pas sans rappeler ce que remarquait déjà Walter Benjamin au sujet de la photographie : « *On s'était dépensé en vaines subtilités pour décider si la photographie était ou non un art, mais on s'était pas demandé d'abord si cette invention même ne transformait pas le caractère général de l'art.* » (Benjamin, 1939 : 34)

Au-delà de la question de « l'écriture multimédia », c'est la place de la création elle-même qui est revisitée, produisant un véritable « séisme dans la culture » (Le Glatin, 2007) avec des conséquences multiples à la fois inquiétantes et stimulantes. Non seulement le multimédia s'avère dans l'incapacité de générer de nouveaux modèles d'industrie culturelle, mais les modèles classiques se trouvent profondément ébranlés avec la remise en question des notions d'œuvre et d'auteur. Il faut certainement se réjouir de la prolifération des contenus culturels et de leur accessibilité qui ont pour conséquence leur démarchandisation. La gratuité d'accès aux publications scientifiques ou aux reproductions des œuvres d'art ne peut que favoriser la circulation des idées et la créativité. Dans le même temps se pose la question du financement des créations nouvelles. On peut enfin s'interroger sur la notion même de *contenus* qui mélange dans l'indistinction toutes sortes d'informations, tant fragments d'œuvres culturelles que propositions commerciales. La disparition des étiquetages et le mélange des genres produisent ainsi une bouillie culturelle au sein de laquelle la discrimination devient difficile. Au-delà de la gratuité, l'indifférenciation culturelle est aussi une nouvelle forme de marchandisation dans laquelle tout se vaut pourvu que cela remplisse les tuyaux de la circulation des données, et dans laquelle les formes culturelles innovantes, noyées au milieu de la publicité et des multiples services, ont la plus grande difficulté à trouver une visibilité.

PARTIE 2

CULTURES ET SOCIETES

LA DIMENSION CULTURELLE, VECTEUR DU DEVELOPPEMENT ECONOMIQUE ?

LAULAN Anne-Marie

Pour l'Unesco, l'année 2008 se place sous le signe du dialogue entre les cultures. Cette même année voit s'intensifier les regards de l'Union européenne en direction des pays riverains de la Méditerranée, ce qui provoque d'ailleurs des inquiétudes de la part des nations de l'Est récemment entrées dans le sein de l'union et, en quelque sorte, aussitôt délaissées pour des peuples considérés comme plus proches culturellement, plus porteurs d'avenir économiquement. Le siècle naissant paraît ainsi tourner résolument la page des conflits guerriers et des affrontements idéologiques des cinquante dernières années. Comment expliquer cet apparent paradoxe ? Nous proposerons trois niveaux d'analyse :

- l'abandon du modèle centre-périphérie ;
- l'enlisement des processus purement politiques et le recours au pragmatisme ;
- l'accent mis sur des relations de confiance, des échanges « gagnant/gagnant ».

Or, une fois ces propositions explicitées, il sera aisé de constater la fin d'un certain nombre d'idées reçues, de stéréotypes infondés, enfin dépassés et déniés, ce qui permet une nouvelle donne et relance le jeu stratégique

L'abandon du modèle « centre-périphérie »

Ce modèle de développement économique, des plus démunis vers les plus nantis, dont les structures financières et organisationnelles servent d'exemple a longtemps inspiré les discours et déterminé les mesures financières drastiques imposées aux « pays moins avancés ». On connaît la paupérisation croissante qui en découle, les maigres revenus servant tout juste à payer les intérêts de la dette. Rien d'étonnant qu'à cette domination économique doublée de contrôle politique, la plupart des pays laissés pour compte aient répondu par la rupture des relations économiques et des alliances stratégiques, parfois la fermeture des frontières avec la recherche de nouveaux partenaires, grâce à des réseaux différents.

Mais avec le tournant du siècle se produisent deux évènements qui affectent la planète tout entière. Ne traitons pour l'instant que du premier : la mondialisation des échanges internationaux, dans les domaines aussi différents que les transports, la circulation de l'information, les flux migratoires d'un type nouveau sur l'ensemble des continents ; le développement des télévisions, puis de l'accès à l'Internet, tous ces phénomènes cumulés engendrent un « tourbillon » beaucoup plus complexe à concevoir, quasi impossible à réguler. L'affrontement « Nord /SUD » n'a plus de sens ; des régions entières (la Chine, l'Inde), au sud, connaissent des taux de croissance « insolents » à deux chiffres, alors que de vieux pays sombrent dans de graves crises. Toutes les sociétés, sans aucune exception, se trouvent prises en tenaille entre la logique de la revendication identitaire et l'aspiration aux bienfaits liés à la modernité. Les populations très jeunes (60 millions bientôt pour la rive sud de la Méditerranée) souhaitent partager, explorer, apprendre, voyager ; d'où l'exaspération devant les visas, les « murs » élevés ici ou là, alors que celui de Berlin était détruit en 1991. La tentation du terrorisme, les risques insensés pris pour franchir les limites autorisées ; oui, toutes les sociétés, toutes les Régions du monde se trouvent prises dans le tourbillon de la mondialisation et de ses effets collatéraux. Le changement de nature des parcours migratoires résulte d'une évolution technique et économique, caractéristique de la dynamique de développement qui s'intensifie autour du bassin méditerranéen. Mais on le constate aussi entre l'Inde et les Emirats, par exemple. Il s'agit de plus en plus souvent d' « allers-retours » rendus possibles par la baisse du coût et de la durée des transports et par les facilités de communication qu'offrent la webcam ou les téléphones portables. Les diasporas importantes jouent un rôle de médiation entre les autochtones et les nouveaux arrivants. La députée de Seine Saint Denis, Mme Guigou aime à rappeler qu'elle « gère la quatrième ville d'Algérie », par le nombre de ressortissants habitant et travaillant dans sa circonscription. Nos sociétés deviennent, partout, multiculturelles (nombre de diplômés français travaillent à Londres, dans la City). Dans la plupart des sites urbains, la gestion pacifique de la cohabitation culturelle oblige à repenser les modèles traditionnels d'architecture, de transport, de services sociaux ou de santé, pour ne citer que quelques exemples. Notre époque nous contraint à accepter la diversité, à respecter l'Autre dans sa différence ; plus même, à nous enrichir mutuellement des échanges ainsi engendrés. Les migrations qualifiantes, parfois appelées circulaires, sont le fait de personnes ayant un pied sur chaque rive qui apportent richesse et expérience, tantôt au Nord, tantôt au Sud. L'enjeu pour les pays concernés est d'accélérer le développement économique, pour que le marché du travail puisse absorber les très nombreux jeunes en attente d'un emploi. » *La circulation du capital humain, peut-être plus que celle des autres formes de capital, doit être un partenariat gagnant/*

gagnant » affirme Charles Milhaud, Directeur des Caisses d'épargne, dans son intervention concernant une vision partagée de la circulation des hommes en Méditerranée. Nombre d'opérations concrètes d'investissement industriel et /ou de formation viennent étayer son propos.

L'enlisement des processus purement politiques

Avec le recul du temps, la naissance de l'Union européenne paraît une démarche « naturelle ». Ne pas oublier pourtant qu'il aura fallu près d'un demi siècle et de tout petit pas : partir de trois pays mettant en commun le charbon, l'acier, l'énergie pour, progressivement, devenir attractifs pour la plupart des voisins (pas tous, à ce jour). Il a fallu oublier les guerres « mondiales », réussir à dépasser le souvenir des tortures, des massacres, faire taire les ressentiments, les désirs de revanche, travailler à la réconciliation. Jacques Attali, au *Forum de Paris* (avril 2008) rappelait que la vengeance est le moteur de la plupart des actions humaines. Jean Monnet, l'un des fondateurs de la CEE (Communauté économique européenne) murmurait quant à lui : « si c'était à refaire, je commencerais par la Culture… ». On le voit, la condition humaine, dans sa dimension imaginaire, affective, symbolique se heurte à la rationalité purement économique.

L'un des premiers enseignements de cette longue gestation, c'est qu'il faut laisser le temps aux sociétés, aux citoyens, de s'adapter, s'approprier les nouvelles configurations, sans jamais imposer, sans jamais rompre brutalement. Mais voici qu'un deuxième « évènement » oblige à dépasser les schémas classiques d'opposition binaire : les menaces sur la planète, le réchauffement climatique, la pénurie prochaine d'eau potable, la raréfaction des énergies fossiles (pour n'en citer que quelques uns) : nous concernent tous, à un horizon proche. Les grands Sommets de Rio, puis de Kyoto, puis de Paris apparaissent totalement inefficaces. Les compromis laborieusement discutés (avec souvent l'abstention remarquée d'un très puissant pays) n'aboutissent qu'à des mesures sans réelle portée. L'abstentionnisme politique se traduit aussi par des réactions individualistes à court terme. L'enthousiasme et la mobilisation ne renaissent qu'à l'occasion de projets concrets, impliquant les personnes, donnant du SENS ; les jeunes, souvent taxés d'égoïstes, parfois de « sauvageons », s'avèrent pourtant capables de trésors d'ingéniosité et de dévouement, pour un projet de proximité culturelle, de valeurs partagées.

Les économistes du Maghreb, présents au Forum de Paris reprenaient à leur compte pleinement les propos du Président Vauzelle (région Provence, Alpes, Côte d'Azur) quand il proposait des projets complémentaires, de proximité géographique, conçus en partenariat de part et d'autre de la Méditerranée. Et tous de s'accorder pour dire : partons des entreprises locales, organisons les échanges dans la mutualisation de nos compétences et de nos ressources, sans attendre que les gouvernements nous dictent la conduite à tenir. Le deuxième millénaire se caractérise, de surcroît, par la montée en puissance de la société civile. Le développement des techniques de communication, l'explosion des téléphones portables, des blogs sur l'Internet, s'ajoutant aux radios, témoignent de ce besoin d'expression, du désir de commenter librement, de s'impliquer, de discuter. Il ne s'agit pas, à mon sens, de politique politicienne ou partisane, mais plutôt d'aspiration démocratique dans un espace public où l'on peut débattre. Son Exc. Missoun Sbih, ambassadeur d'Algérie en France attire l'attention sur la dimension humaine comme élément structurant et porteur de tous les projets de co-développement. Au delà, en préalable aux projets économiques, écologiques ou énergétiques, il importe de souligner la dimension humaine de toute construction politique nouvelle. Si l'humanité, au temps de la préhistoire, a su non seulement se maintenir mais surtout se développer au temps des glaciations et de la vie dans des cavernes ; quels pourraient être les obstacles « insurmontables » à notre époque de menace planétaire sur nos ressources et le changement climatique ? En termes de solidarité et d'échanges des ressources et des compétences, l'utilisation de l'énergie solaire, le savoir-faire pour le dessalement de l'eau, bien maîtrisés dans le pourtour méditerranéen pourrait être une belle monnaie d'échange contre le capital cognitif ou managérial accumulé plus au nord. Du fait de ces échanges, du développement ainsi induit, on peut déjà observer une inversion des flux migratoires, un déplacement des phénomènes de délocalisation. Déjà, en Chine, comme en Inde, la croissance du marché intérieur, le meilleur niveau des salaires conduit à un nouvel « impérialisme économique », sensible en Europe comme en Afrique subsaharienne. Les informaticiens d'origine indienne font tourner les établissements financiers nord-américains. Tous les empires connaissent une fin.

Le rétablissement de relations de confiance

L'Unesco a obtenu des Etats-membres la signature d'une Convention sur la diversité des expressions culturelles (voir en annexe) à l'exception des Etats-Unis et d'Israël. Pour l'année 2008, elle se dote du thème d'actions et de manifestations intitulé « Dialogue interculturel ». Pour nous, chercheurs en communication, le temps est venu de nouveaux champs d'interrogations. Nombre de « concepts » couramment utilisés par les politiques ou dans les media ne résistent pas à l'épreuve des faits. Ainsi, l'expression de « Société de l'information », retenue par les occidentaux, planifiée par l'Union internationale des télécommunications a fait l'objet de vives critiques lors du Sommet mondial tenu à Tunis (2005) Le nombre et le poids de délégués venus des pays émergents (Brésil, Chine, Inde,), la solidarité des pays africains lors des votes ont fait éclater l'idée même d' « une » société de l'information, réduit à néant les tentatives d'une gouvernance hégémonique de l'Internet. Au temps de la guerre froide, l'avocat Sean Mc Bride proclamait déjà : « les voix sont multiples, même s'il n'y a qu'un seul monde ». Citons aussi le remarquable « Dictionnaire des mondialisations » ; ou encore la tenue récente, au sein de l'Unesco, à l'initiative de la France, d'un colloque sur *universalisme scientifique et diversité culturelle* publié par la revue *Diogène*, en 2007. Il en ressort qu'au sein des disciplines qui paraissent» exactes, telles les mathématiques ou le droit, tout au long du temps, mais aussi selon les grandes régions du globe, en fonction des valeurs et des cultures, le rapport à la connaissance n'est pas uniforme, encore moins « déterminé » une fois pour toutes. Les chercheurs : historiens, géographes, sociologues se livrent à des observations fines, sur de longues durées, par des gens eux-mêmes issus de la culture ou de la communauté considérée. Ces travaux révèlent la complexité des imbrications de la mémoire, des histoires familiales ou ethniques, la difficile confrontation avec la modernité, mais avec deux constantes : le souci de sa propre dignité, l'importance des valeurs spirituelles, du SENS. D'une certaine façon, les Européens paraissent plus matérialistes, moins soucieux de repères culturels que les habitants des autres rives de la méditerranée pus habitués à la confrontation et la concurrence qu'à la complémentarité, au partage. Pourtant notre héritage historique et géographique nous est commun, l'apport à la construction des connaissances par les navigateurs ou les astronomes arabes a permis le développement d'une « civilisation méditerranéenne », dont il faudrait raviver le souvenir.

La mobilisation s'opère sur ces thèmes, à l'occasion de la présidence française de l'Union européenne, avec l'annonce d'un projet d'Union pour la Méditérranée. Dans la profusion des projets et propositions, je retiens la mise sur pied d'une Fédération regroupant toutes les fondations culturelles en méditerranée », afin de *favoriser le sentiment d'appartenance à une aire de civilisation partagée »* comme le proclame E. Mallet, (responsable du forum de Paris). Une autre réalisation d'envergure est la création, effective à ce jour, d'un Espace Scientifique Méditerranéen, organisé par les Académies des sciences, des technologies européennes et l'adhésion, déjà acquise, de treize Académies du Maghreb. Un groupe inter académique pour le développement est également constitué. La globalisation provoque de douloureuses ruptures avec les modes de vie ancestraux. Les changements climatiques dont sont responsables les hommes menacent la totalité de la planète, ce pourquoi les générations futures nous demanderont des comptes. Pour répondre à ces défis, ni l'économie, ni la politique, ni les subventions ne sont, seules, en mesure d'apporter des solutions durables. « Changer de logiciel », restituer à l'échange et à la complémentarité leur pleine valeur civilisationnelle, c'est retrouver notre terre promise, au milieu de notre mer ; Pour mieux communiquer, selon le vœu de Jean Monnet, redonnons toute sa place à la culture, dans la pleine diversité des ses formes et de ses expressions.

LA CONVENTION DE L'UNESCO SUR LA DIVERSITE CULTURELLE ET LE SOMMET SUR LA SOCIETE DE L'INFORMATION DE L'UIT : LA FAMILLE MACBRIDE RECOMPOSEE

AUBIN France

« *Ces sommets, qui font la une de l'actualité, contribuent à façonner l'opinion publique mondiale et convainquent les dirigeants de la nécessité d'y apporter leur appui politique. La participation de milliers d'ONG, de particuliers, d'universitaires et d'hommes d'affaires aux réunions officielles et officieuses fait de ces conférences de véritables forums mondiaux. L'ONU encourage cette évolution, sachant que l'appui d'une large fraction de la société est nécessaire à la mise en œuvre des politiques envisagées* (SMSI, en ligne) ».

Démocratie libérale, économie de marché et souveraineté culturelle

Pour comprendre l'histoire de la réglementation des communications au Québec et au Canada, on peut faire appel à trois principes renvoyant respectivement au contexte économique, politique et culturel. Le principe économique est celui de l'économie de marché : l'État est vu comme l'auxiliaire des entreprises, dont il doit favoriser le développement. Le principe politique est celui de la démocratie libérale et témoigne de l'importance accordée dans les pays de l'ancien Bloc de l'Ouest aux droits civils et politiques, et en particulier à la liberté d'expression et à la liberté de presse. La souveraineté culturelle, c'est-à-dire « le droit de l'État de légiférer dans le secteur de la culture » (Rapport Lincoln), joue au moins sur trois plans. La souveraineté culturelle peut être l'objet de revendication de la part du Québec, comme « société distincte », vis-à-vis du Canada, et de « l'identité canadienne » (Raboy, 2000). Elle peut aussi être l'objet de revendication de la part du Canada vis-à-vis du puissant voisin que constituent les États-Unis d'Amérique et de fait, elle revient constamment dans les rapports institutionnels. Enfin, la souveraineté culturelle est également revendiquée par les Premières Nations, les Inuits et les Métis du Canada, appelés Peuples autochtones. Si la souveraineté culturelle revendiquée par le Canada s'accompagne d'une souveraineté politique ; la souveraineté politique du Québec et celle des peuples autochtones n'est encore qu'un projet[70], plus largement adopté chez les peuples autochtones que chez les Québécois. La souveraineté culturelle est dans tous les cas liée à des questions identitaires et vise pour le Québec et le Canada l'élaboration et la consolidation d'un sentiment d'unité « nationale » alors que chez les Autochtones, l'identité, les valeurs et l'histoire sont appréhendées comme étant distinctes d'une Nation à l'autre[71].

S'il est plus fermement établi depuis les années 1980, le principe d'économie de marché demeure en tension avec les deux autres. Ainsi les audiences publiques tenues à l'automne 2007 par le Conseil de la radiodiffusion et des télécommunications canadiennes (CRTC) sur « la diversité des voix » ont-elles vu s'affronter les tenants de la démocratie libérale et ceux de l'économie de marché. Les premiers, surtout des syndicats et des artisans des médias, exprimaient leur crainte devant la concentration croissante des médias d'information et demandaient entre autres au gouvernement de fixer, par règlement, des seuils minimaux de parts de marché à ne pas dépasser dans un même marché et d'interdire la propriété croisée, c'est-à-dire le fait de posséder dans un même marché une station de radio, une chaîne de télé et un journal (Cauchon, 2007a).

Les entreprises médiatiques ont opposé que la concentration des médias et la propriété croisée n'étaient pas un danger réel pour le pluralisme en information ; qu'au contraire, elles assuraient aux entreprises une certaine viabilité et que le danger proviendrait plutôt de la désuétude de la réglementation canadienne, fragilisant certains médias.

Si on peut évoquer le principe de la démocratie libérale dans les débats portant sur la propriété des médias en formulant implicitement l'hypothèse selon laquelle le pluralisme de la propriété favorise le pluralisme de l'information et que le marché ne favorise pas naturellement ce pluralisme de la propriété ; ce sera le principe de la souveraineté culturelle qu'on évoquera pour justifier le maintien de normes régissant la propriété canadienne des médias. Cette fois ce n'est pas le pluralisme de l'information mais sa « couleur locale », c'est-à-dire les valeurs et les points de vue canadiens qu'il s'agit de protéger.

A la spécificité canadienne de l'information s'ajoute aussi toute la question du contenu canadien et du contenu francophone, réglementée par le CRTC et s'adressant notamment à la production cinématographique, télévisuelle et

---

[70] Il est à noter toutefois que l'autonomie gouvernementale des Inuits est maintenant acquise dans le nouveau territoire du Nunavut et qu'elle se construit, dans les limites politiques du territoire québécois, dans celui du Nunavik.

[71] L'article 3 de la *Loi sur la radiodiffusion* (1991) reconnaît que les peuples autochtones occupent une « place particulière » au sein de la société canadienne et que « le système canadien de radiodiffusion devrait offrir une programmation qui reflète *les cultures autochtones* du Canada ».

radiophonique[72]. Un regroupement d'associations culturelles s'est formé à l'automne 2007 pour faire connaître ce qu'il a appelé la « dérive du CRTC » depuis la fin des années 1990 et plus particulièrement depuis que le CRTC a annoncé en 1999 sa décision de ne pas réglementer Internet (Cauchon, 2007b), une décision que le Président actuel du CRTC, Konrad von Finckenstein, a entrepris de reconsidérer.

Les acteurs internationaux

Si la souveraineté culturelle demeure encore aujourd'hui un argument central dans les débats canadiens sur les communications, c'est en partie dû au fait qu'elle en a constitué dès la création du système canadien des communications à la fin des années 1920. Au fil des ans et des rapports s'est élaborée une réglementation sur le contenu canadien ayant pour but d'aider à préserver l'identité et à renforcer l'unité canadiennes ». La souveraineté culturelle abordée du point de vue canadien en rapport avec les États-Unis a constitué de fait un des éléments primordiaux du processus canadien de *nation building* et dépasse donc la seule question des communications. Il faut cependant noter que ce processus concerne plus particulièrement le Canada anglais du fait de sa proximité linguistique avec les États-Unis et de la concurrence plus menaçante que représente pour lui le géant étasunien.

Il est donc admis depuis longtemps que les communications mettent en jeu toute une série d'acteurs. Les acteurs nationaux, que ce soit à l'échelle du territoire de l'État, comme le Canada ou d'une région, comme le Québec, n'agissent pas en vase clos. Non seulement les acteurs nationaux interagissent-ils souvent ensemble, comme c'est le cas au Canada pour les niveaux provinciaux et fédéral – le pallier fédéral étant nettement prédominant d'où les revendications québécoises de souveraineté culturelle – mais ils sont également en interaction avec les acteurs des autres États, que ce soit des États proches géographiquement pour des secteurs comme la radiodiffusion hertzienne déjà évoquée (car les ondes ne s'arrêtent pas aux frontières) ou des États plus éloignés physiquement mais proches linguistiquement ou culturellement (comme les membres de la francophonie qui débattent ces jours-ci de l'avenir de TV5) ou encore pour un secteur comme celui du cinéma, en principe plus exportable que le reste des productions culturelles du fait de son langage (cinématographique) plus universalisable que les autres.

Les États ont établi toute une série de mesures économiques et législatives pour gérer le plus pacifiquement possible la coexistence des acteurs en matière culturelle. Les négociations bilatérales, comme celles qui ont eu lieu entre différents pays européens et les États-Unis pour le secteur audiovisuel, comportent une dimension à la fois idéologique et économique qui explique

---

[72] A ce sujet, on peut consulter le site du CRTC : http : //www.crtc.gc.ca/frn/cancon.htm.

probablement pourquoi très tôt dans l'histoire du cinéma des négociations fixant des limites aux importations des films étasuniens ont eu lieu (George, 2003).

Si la dimension économique a fini par être considérable pour le cinéma, l'industrie culturelle la plus fortement internationalisée dès ses débuts, c'est néanmoins sur le plan idéologique que les mésententes les plus significatives ont été notées. A raison, elles ont attiré l'attention de la communauté internationale de même que celle des chercheurs en communication.

Le rapport Mac Bride et l'Unesco

Bien qu'on puisse remonter à la création même du GATT en 1947 (George, 2003) pour trouver au sein d'instances multilatérales la trace de préoccupations en matière d'échanges de biens ou services culturels, c'est dans les années 1970, à la suite du mouvement de décolonisation et de la création du Mouvement des non alignés (MNA) qu'on peut observer une première grande crise internationale portant spécifiquement sur la culture[73]. Pour être tout à fait exacte, il faut préciser que cette crise ne portera pas sur les industries culturelles mais plutôt sur celles de l'information, déplaçant ainsi la tension de l'enjeu de la souveraineté culturelle vers celui de la démocratie libérale [74] ou pour le dire dans les termes qui seront ceux du Rapport MacBride vers un Nouvel ordre mondial de l'information et de la communication (NOMIC).

Les conclusions du rapport MacBride (1980) faisaient écho aux revendications plus explicitement politiques selon lesquelles le sous-développement des pays du Tiers-Monde coalisés depuis peu au sein du MNA était en partie exogène et relevait d'un ordre économique international déséquilibré en faveur des pays industrialisés. Formulées dès les années 1970 dans le cadre de l'Assemblée générale de l'ONU, ces revendications en faveur d'un Nouvel ordre économique international allaient être portées à l'Unesco non seulement par le MNA, mais aussi par les démocraties dites populaires et l'URSS. L'alliance stratégique ainsi obtenue a certainement nui au succès des demandes formulées dans le rapport. Les États-Unis ont pu opposer aisément leur doctrine de la libre circulation de l'information (*free flow of information*) au NOMIC étant donné la mauvaise réputation des pays qui le défendaient, en matière de droits civils et politiques et en particulier de liberté d'expression et

[73] Le Plan Marshall avait également participé à une crise très importante puisqu'il avait contribué à l'aggravation de la Guerre froide, mais s'il comportait une conditionnalité stricte de libéralisation économique, celle-ci ne s'appliquait pas qu'à la culture.

[74] On peut penser que le déplacement n'est pas uniquement « sectoriel » – de la culture à l'information –, mais qu'il témoigne plutôt d'une stratégie de problématisation ou d'identification des enjeux évitant de mettre en opposition les tenants et les opposants de la « souveraineté » – l'un des principes fondamentaux des Nations Unies – et structurant le débat dans des positions pour ou contre la « liberté » (de circulation de l'information).

de liberté de presse, auxquelles avaient été fortement socialisées les populations des pays du Bloc de l'Ouest qui se sont rangés derrière les États-Unis.

Pourtant, les critiques formulées sur le déséquilibre de l'information au profit des pays du Nord, le poids excessif des agences de presse occidentales et l'invisibilité des enjeux des pays du Sud, sans compter les remarques ayant trait à la place qu'allait prendre l'informatique dans nos sociétés ne manquent pas de pertinence encore aujourd'hui. L'acuité des critiques n'est sans doute pas à mettre en cause au premier chef. Outre les alliances malheureuses, il faut souligner la vigueur des pressions exercées par les États-Unis, à la fois en termes d'information négative (plusieurs auteurs n'hésitent pas à parler de « désinformation massive »), mais aussi de pressions économiques puisque les États-Unis constituaient le plus important bailleur de fonds de l'Unesco. Leur départ en 1985, suivi en 1986 de celui de la Grande-Bretagne, entraînera une crise majeure au sein de l'Unesco.

Les enjeux soulevés par le Rapport MacBride n'ont pourtant pas été sans suite. Les discussions se sont poursuivies, à l'intérieur et à l'extérieur de l'Unesco, et ont mené notamment à l'élaboration du droit à la communication, c'est-à-dire le droit à recevoir et à émettre de l'information. Conscients du rôle stratégique de l'information, les États-Unis ont mis sur pied différents groupes de travail chargés de l'aborder comme « nouvelle ressource nationale » (Mattelart, 2001). Sans réintégrer formellement l'Unesco, ils y ont été très actifs *via* un « Groupe d'observateurs » tout en mettant sur pied différentes organisations nationales œuvrant en concurrence avec celles de l'Unesco, dans les domaines de l'éducation en particulier (Frau-Meigs, 2004). En revanche, les agences de presse occidentales n'ont guère modifié leur façon de faire et on a même assisté à une diminution de l'offre d'information internationale dans les pays riches de l'Amérique du Nord.

Parmi les suites institutionnelles des débats amorcés à l'Unesco autour du rapport MacBride, on peut noter le Sommet mondial sur la société de l'information (SMSI) supervisé par l'Union internationale des télécommunications (UIT), en collaboration notamment avec l'Unesco, et la Convention internationale sur la protection et la promotion de la diversité des expressions culturelles adoptée à l'Unesco en 2005. L'une et l'autre sont interprétées comme étant les héritières de MacBride.

Le Sommet mondial sur la société de l'information de l'UIT

Il peut paraître étonnant que le Sommet mondial sur la société de l'information soit organisé par l'UIT plutôt que par l'Unesco. Les questions sociales et les questions de l'information ne sont-elles pas plutôt du ressort de l'Unesco alors que l'UIT se réserve les questions techniques ? C'est précisément pour réduire, aux questions techniques, la portée des enjeux liés à la « société de l'information » que l'UIT a été choisie de préférence à l'Unesco, accusée depuis le rapport MacBride de politisation excessive.

La société de l'information se présente en effet comme une idéologie de type utopiste fortement marquée par un déterminisme technique[75]. La rupture dont témoigne la « révolution numérique » est essentiellement positive et ses retombées comprennent l'assistance humanitaire, la création de nouveaux débouchés, le développement ainsi que la résolution de conflits et la paix mondiale[76].

D'une certaine façon, on peut dire que « la société de l'information » réactualise l'utopie progressiste en mettant la connaissance, le savoir ou l'information au cœur du projet de société. Un examen attentif révèle toutefois qu'au delà du discours utopiste, la réalisation du projet tarde à venir et qu'il existe beaucoup de confusions autour des termes « savoir, information et connaissance ».

Malgré toutes les critiques qu'on peut porter contre le concept de la société de l'information ou encore contre le fait que son organisation ait donné lieu à un apparent délestage politique au profit d'une vision techno-déterministe déconnectée de la complexité du développement, il faut reconnaître que la nouvelle gouvernance mise de l'avant pour le SMSI présente un grand intérêt pour les chercheurs en communication. Après tout, la « société civile » a véritablement pris part aux réunions préparatoires du Sommet. La plupart d'entre nous connaissons des personnes y ayant participé et parmi celles-ci, plusieurs sont vues comme des activistes crédibles et non pas des membres d'ONG montées de toutes pièces pour le SMSI. Les critiques à l'endroit de la société civile, car il y en a, font tout de même valoir quelques problèmes. D'abord on note un déséquilibre Nord-Sud en termes de représentation de la société civile, qui s'explique en bonne partie par les coûts élevés de participation (en argent et en expertise). Dans le cadre d'un sommet onusien devant porter notamment sur la « solidarité numérique », où l'accès de tous aux TICS est présenté comme l'un des objectifs principaux visant le développement

---

75 Pour plus d'informations sur l'idéologie utopiste, voir ma thèse de doctorat (Aubin, 2006).

76 « Elle permet de fournir rapidement une assistance humanitaire et des soins de santé et d'envisager autrement la protection de l'environnement. Elle offre même de nouveaux débouchés à l'industrie des divertissements et des loisirs. L'accès à l'information et au savoir, qui est indispensable à la réalisation des objectifs de développement énoncés dans la Déclaration du Millénaire, peut améliorer le niveau de vie de millions de personnes de par le monde. En outre, l'amélioration de la communication entre les peuples contribue à la résolution des conflits et à la réalisation de la paix mondiale (SMSI, en ligne) ».

social et économique, la chose est troublante. Ajoutons que le processus d'accréditation a pris fin le 1er août 2005 et qu'il n'existe pas de procédures d'accréditation pour l'après-SMSI (SMSI, en ligne).

Fait également l'objet de critiques, la conception d'une société civile toquevillienne difficilement transposable sur celle(s) du Sud, centrée sur des préoccupations liées à la démocratie libérale, négligeant les questions spécifiques du développement et s'intégrant en fait parfaitement dans l'ordre des choses, comme un rouage nécessaire, comme un élément de la topographie verticale du pouvoir, du bas vers le haut (Chakravartty, 2007). Cette société civile toquevillienne se centralise et se bureaucratise. La prétendue autonomie de la société civile est également remise en question. Elle côtoie souvent de très près les entreprises privées intéressées par les enjeux économiques de la « société de l'information » à tel point qu'on a pu dépeindre la phase 2 du SMSI à Tunis comme une « foire commerciale » (Chakravartty, 2007). Enfin, la présence de la société civile est soulignée avec éclat par les organisations internationales, consacrant l'avènement d'un nouveau monde où la gouvernance est désormais multipartite, mais dans les faits, elle n'a aucun pouvoir décisionnel. Aussi peut-on craindre que la société civile ne serve d'abord et avant tout qu'à contribuer à la légitimité des « vrais décideurs » (les États) en offrant notamment un contrepoids symbolique aux forums sociaux mondiaux. C'est ce que suggère l'extrait de la rhétorique du SMSI en exergue.

La Convention sur la protection et la promotion de la diversité des expressions culturelles de l'Unesco

Si on peut comprendre l'intérêt que représente le SMSI pour un pays qui veut conserver et consolider son hégémonie mondiale, le retour à l'Unesco des États-Unis peut surprendre. Que peuvent donc attendre les États-Unis de l'Unesco ?

Les attentats de 2001 et le sentiment de devoir être présent partout sur la scène internationale afin de pouvoir mieux gérer son image ; les pressions des néo-conservateurs étasuniens sur le président Bush pour que leur pays exerce une plus grande influence idéologique via les programmes éducatifs de l'Unesco ; et surtout l'adoption de la Déclaration de la diversité culturelle seraient au nombre des motifs justifiant ce retour après 19 ans d'absence (Frau-Meigs, 2004).

Voyant se profiler à nouveau des valeurs et des principes contraires à l'économie de marché et favorables à la souveraineté culturelle, les États-Unis semblent avoir senti le besoin de mettre de côté la politique de la chaise vide. Ils ont toutefois négocié durement leur retour. Ils ont obtenu par exemple que soient mutés les hauts fonctionnaires adoptant des vues contraires aux leurs, notamment en ce qui a trait à la propriété intellectuelle (Frau-Meigs, 2004). Ils ont également fait procéder à d'importantes modifications structurelles, comme la suppression de la division de la société de l'information, pour laisser le champ libre à l'UIT. Néanmoins ils n'ont pas réussi à empêcher l'adoption de la Convention sur la diversité culturelle.

Comment cela a-t-il été possible ? Il semble d'abord que les alliances stratégiques aient été mieux réussies qu'à l'époque du rapport MacBride. La France, à laquelle on associe la notion d'exception culturelle, avait une idée assez nette de ses intérêts et de la position qu'elle souhaitait défendre. Il en était de même pour le Canada et le Québec, habitués à revendiquer leur souveraineté culturelle respective. Et puis, les États favorables à la diversité culturelle avaient eu la possibilité d'élaborer le processus en l'absence des États-Unis puisque la Déclaration qui a précédé la Convention avait été adoptée dès 2001. Le contexte géopolitique était aussi propice, la France n'ayant pas craint de s'opposer à la riposte étasunienne aux attentats en 2001 ni de rejeter l'AMI (Accord multilatral sur l'investissement) en 1998.

Plus important peut-être, les rédacteurs de la Convention ont réussi à produire un document visant à la fois la promotion et la protection des expressions culturelles, de sorte que les pays qu'on pourrait assimiler aux héritiers du MNA (Mouvement des non alignés), ne peuvent reprocher aux pays occidentaux de chercher à réguler la circulation de la culture à leur seul profit.

On peut en conclure au moins provisoirement que la société civile liée à la Convention est elle aussi l'héritière du rapport MacBride. La différence tient en partie à ce que le contrôle politique que souhaitaient renforcer les promoteurs du NOMIC ne s'exerce pas sur l'information mais sur la culture, ce qui évite de heurter de plein fouet le principe de la démocratie libérale.

En conclusion, les enjeux

Les deux instruments et structures produits dans le cadre onusien reflètent la complexité de l'organisation et leur coexistence présente des défis considérables. Comme l'écrivent Raboy et Landry (2004) à propos du SMSI, « Les mandats fondamentaux des deux organismes constituent presqu'une invitation aux approches contradictoires en ce qui concerne les enjeux de la société de l'information ». En principe et au-delà des deux instruments (SMSI et Convention), l'UIT se préoccupe des aspects techniques alors que l'Unesco s'attache au contenu mais depuis la convergence numérique on sait bien qu'il n'est plus possible de séparer comme autrefois ce qui relève des « tuyaux » et ce qui relève de « ce qui circule dans les tuyaux ».

Les organisateurs du SMSI l'ont bien compris et mis à leur ordre du jour la gouvernance d'Internet. Depuis la fin des années 1980, les États-Unis veillent à ce que les discussions portent à la fois sur l'audiovisuel et sur les transformations technologiques dans le but d'établir que les produits de la convergence numérique ne peuvent être régulés que par le marché (Mattelart, 2001). Au vu de la migration actuelle des contenus vers lnternet, on comprend que la voie de la non-réglementation adoptée en 1999 par le Canada inquiète les organismes culturels.

Les questions de la propriété intellectuelle et du droit d'auteur – au sujet duquel le gouvernement canadien doit d'ailleurs soumettre une nouvelle loi – sont intimement liés à ladite « société de l'information » mais aussi à celle de la protection et de la promotion de la diversité des expressions culturelles. En revanche, les points de vue diffèrent considérablement.

Comment concilier les vues et objectifs de l'OMC (Organisation mondiale du commerce) et de l'ALENA, marqués du sceau de la libéralisation des échanges, avec ceux de la Convention, réaffirmant le droit des États à exclure de la libéralisation, la culture ? Qui jugera de la compatibilité des normes et qui tranchera en cas de désaccord ? On a déjà souligné que la Cour internationale de justice (de La Haye) était compétente en la matière, mais s'il a fallu créer de toutes pièces de nouveaux instruments juridiques pour juger des crimes contre l'humanité et des génocides, pourquoi tout à coup deviendrait-elle « efficace » ? Les États qui en verrouillent légalement l'action seraient-ils tout à coup plus conciliants ? On peut en douter.

En l'absence d'un droit supranational contraignant, on peut penser que l'opinion publique internationale continuera d'être mise à contribution. On déploiera pour elle des stratégies de légitimation complexe où la société civile globale sera mise en scène et de l'avant ; on construira des alliances plus ou moins légitimes et heureuses ; et on assistera à la différenciation accrue des différents ordres normatifs, le droit international continuant (peut-être) de perdre de l'influence au profit de la réglementation orientée par le marché (*trade oriented*) prétendument dépolitisée. A moins que le mouvement exercé du bas vers le haut par la société civile mondiale n'arrive à renverser la tendance, ce à quoi certains de ses membres s'emploient.

Tout cela donnera matière à analyse pour nous chercheurs, non seulement sur les questions de communication, information et culture, mais sur la gouvernance et le rôle de l'État, bref des questions éminemment politiques.

INTERROGER L'EXPLOITATION ET LA RECEPTION DES CINÉMAS CONTEMPORAINS DU MAGHREB EN FRANCE DANS UN CONTEXTE POSTCOLONIAL (1997-2007)

CAILLE Patricia

Dans tous les nouveaux discours théoriques qui circulent sur les médias et qui donc réintègrent le « cinéma » dans un ensemble plus vaste, de nombreuses questions demeurent encore peu explorées sur les enjeux de la production, de la diffusion et de la réception des films, en partie à cause d'un décalage important entre, d'une part, l'évolution rapide des modes de production et de consommation des films, et, d'autre part, la persistance d'une certaine conception du « cinéma » hautement symbolique et qui désigne certains types de production, à la fois d'un point de vue culturel, artistique et/ou industriel, économique, technologique... Si les financements des films et leur consommation sur des supports très diversifiés se sont internationalisés, la notion de « cinéma national » ainsi que les rapports qu'il établit entre « cinéma », « identité nationale » et « culture cinématographique » demeurent fondamentaux à l'appréhension culturelle (théorique et économique également) de ces films même si les termes de ce rapport sont en mutation. A ce titre, les théoriciens du cinéma sont dans le doute (Odin, 2007).

Nous avons commencé à travailler sur certains films du Maghreb dans la perspective d'examiner la construction des identités nationales et la place des constructions sexuées dans celles-ci, puisque les films sur la condition des femmes au Maghreb, en particulier de Tunisie, représentaient un grand nombre des films qui arrivaient sur les écrans en France, et qui donc étaient accessibles (Caillé, 2007). Une question évidente s'est alors imposée à nous : comment dans l'ensemble de la production des films du Maghreb -de très petites productions en nombre de longs métrages produits- les films sur la condition des femmes se taillent-ils la part du lion alors qu'ils sont loin de constituer un ensemble représentatif des productions nationales ou de celles qui ont obtenu une reconnaissance critique ou publique dans leur « pays d'origine » ? Cette question fondamentale a donné lieu à d'autres questions : quels sont les réseaux de distribution, quels sont les mécanismes qui régissent les rapports entre la production, la distribution, et l'exploitation et qui font que certains des films des pays du Maghreb arrivent sur les écrans commerciaux en France, d'autres pas ? Quels sont les réseaux parallèles qui donnent accès aux mêmes films mais également à d'autres films ? Quels sont les supports sur lesquels les films du Maghreb circulent ? Quels sont leurs publics ? Quelle est la place de la salle de cinéma dans cet ensemble plus vaste de questions ? Dans le court espace qui nous est imparti ici, nous essaierons de saisir les constructions des cinémas du Maghreb à partir de leur distribution et leur exploitation en salles en France (dans une approche comparative européenne) et nous soulèverons la question de la constitution des corpus ainsi que celle des identités nationales.

La France revendique une culture cinématographique fondée sur deux éléments essentiels, une production forte soutenue par une politique nationale longtemps considérée comme un modèle, avec des institutions reconnues, telles que le CNC, qui lui ont permis de résister à l'internationalisation du marché des films ainsi qu'une culture du cinéma fondée sur une tradition critique forte ayant contribué à la pérennisation de ce mode de production national. Ce mode de production constitue aujourd'hui un compromis entre un cinéma d'auteur très valorisé et un cinéma grand public plus commercial censé « contrer » les grosses productions américaines. En d'autres termes, le développement d'un « cinéma national » est construit en termes de résistance d'une production dans un rapport de forces économique et culturel asymétrique. Cette culture du cinéma - c'est dans les salles de cinéma parisiennes qu'on peut voir une gamme de films très large - s'inscrit dans le cadre d'une politique volontariste du cinéma (et de la culture) et d'un nombre d'actions incitatives destinées à promouvoir le cinéma en salles.

Ce qui apparaît moins clairement, c'est la forte hiérarchisation de cette culture ainsi qu'un attachement à ce qui constitue le cinéma fondé sur des valeurs maintenant datées puisqu'elles remontent à une période liée à une mutation technologique et des personnels, la Nouvelle Vague (Crisp, 1993 ; Sellier, 2005), elle-même issue d'une révolution symbolique, « La Politique des auteurs », dont le caractère polémique a frappé les esprits mais dont on tend à oublier l'ancrage historique. Si ces deux moments sont très importants dans la conception de ce qu'a été le cinéma en France et ailleurs, on ne saurait oublier de les réintégrer dans l'histoire culturelle à laquelle ils appartiennent (Ross, 1995). Cette politique a eu pour effet la promotion de certains cinémas, le cinéma américain, le cinéma d'auteur contre un autre, le cinéma de la « Qualité française » en particulier, mais d'autres cinémas nationaux également. Et comme le montre Kristin Ross, c'est au moment où l'indigène devient homme, que la théorie remet en cause le sujet (Ross 1995). Nous pourrions ajouter que c'est au moment où le cinéma devient art que les cinémas des indépendances sont renvoyés au statut de fresques nationales, voire nationalistes, sans qualités. Les cinémas des « nouvelles » indépendances sont ainsi repoussés aux marges de ce qui constitue le cinéma au travers d'une pratique valorisée, celle du cinéma en salles et de la cinéphilie qui s'apprend par le cinéma américain, le cinéma d'auteur majoritairement européen, et qui va s'étendre au fil des années a d'autres cinématographies asiatiques et sud-américaines, en particulier, mais pas (encore ?) aux cinémas du continent africain, même s'ils ont connu un moment de reconnaissance vers la fin des années 80 et début des années 90.

Dans une culture du cinéma sur laquelle s'est développée toute une théorie du cinéma, lesquelles sont restées longtemps insulaires en France, certaines mutations technologiques n'ont pas été appréhendées comme relevant du cinéma. Du fait de la fertilisation croisée entre les corpus cinéphiliques et les pratiques du cinéma qui y sont liées, la salle de cinéma demeure, encore aujourd'hui, le lieu symbolique de légitimation des films, lui-même difficilement séparable d'enjeux culturels et économiques importants. De l'avis même d'un professionnel, « *La salle inaugure la présentation d'un film au public. C'est le lieu sacré où les spectateurs pourront découvrir, dans les meilleures conditions techniques de son et d'image, l'œuvre cinématographique. Ses résultats influenceront les recettes sur les autres modes de diffusion, DVD, et ventes aux pays étrangers* » (Camilleri, 2007 : 23). Cette sortie en salles demeure le lieu de la légitimation des films avec, en particulier, certaines marques de reconnaissance, la fameuse « avance sur recettes », le statut « Art et essai » qui concerne 60 % des films, l'obtention d'un financement « Fonds Sud » pour certains films étrangers, la circulation dans certains festivals internationaux, la réception critique principalement dans la presse écrite (nationale quotidienne et hebdomadaire, et dans une moindre mesure spécialisée) qui reste un véhicule important des valeurs associées au cinéma. De même, elle constitue encore aujourd'hui le bulletin météorologique d'une économie du cinéma pensée dans sa dimension nationale. Pourtant, même si les divers modes de consommation des films ont été étudiés, les cinématographies nationales et/ou régionales au regard des films circulant sur différents supports (VHS, DVD légaux ou non) et médias (la télévision depuis les chaînes hertziennes jusqu'au satellite, Internet, VOD), ainsi que la question des différents corpus que constituent ces mêmes films selon les médias et supports sur lesquels ils circulent et les différents publics qu'ils touchent, eux, demeurent peu examinés. En conséquence, les effets de cette transformation des modes de consommation sur la production et la consommation des films n'ont engendré que très tardivement un questionnement sur une redéfinition de « l'objet cinéma » et donc sur les enjeux de la « théorie du cinéma », si tant est que celle-ci soit encore viable. C'est d'ailleurs toute l'ambition de Roger Odin dans *Cinémas*, « La Théorie du cinéma, enfin en crise » (Odin, 2007).

La plupart des « cinémas nationaux » ne peuvent survivre en ne comptant que sur un public national. Les cinémas post-coloniaux, comme nous le verrons, sont aujourd'hui encore très dépendants des financements et des publics de l'ancienne métropole coloniale. Pour toutes ces raisons, si la question de la dimension nationale du cinéma est restée une de nos préoccupations, ce sont en fait la définition et les corpus que constituent les cinémas du Maghreb dans le cadre de leur intégration dans cette culture de cinéma très hiérarchisée et dans un contexte postcolonial qui ont constitué l'objet de nos réflexions. Nous essaierons d'intégrer ce travail dans une comparaison à l'échelle de l'Europe, la coopération de la France avec les pays d'Afrique s'étant transformée (Hoefert de Turégano, 2005)[77]. L'Europe essaie maintenant de développer une politique concertée du cinéma par de vastes programmes de soutien au cinéma, à la production ainsi qu'à la distribution et à la diffusion : Eurimages, Euromed Audiovisuel I et II. Elle tente également de se doter d'outils permettant de comprendre la distribution et l'exploitation des films à l'échelle européenne (voir par exemple, la banque de données *Lumière* accessible sur le site de l'Observatoire européen de l'audiovisuel).

Nous diviserons cette communication en trois parties :

- la réception des cinémas du Maghreb en France (et en Europe) ;

- la question des corpus ;

- conclusion : la dimension imaginaire des « cinémas nationaux ».

La réception des films du Maghreb en France et en Europe

Les cinémas du Maghreb constituent une catégorie qui, en elle-même, doit être interrogée puisque dans la dimension régionale qu'elle assigne historiquement généralement à trois pays, les dimensions communes sont davantage liées à un héritage arabo-musulman, à un passé colonial, à un paysage géographique et à des formes filmiques privilégiées par les publics visés, fussent-ils nationaux ou internationaux - et, dans ce cadre, la place des représentations dans cette catégorie est importante - plutôt qu'à l'identification d'une périodisation commune de l'histoire de ces cinémas. Les politiques du cinéma, les modes de production, les films produits dans les trois pays

[77] Teresa Hoefert de Turégano s'intéresse aux cinémas de l'Afrique sub-saharienne qui ont bénéficié d'aides spécifiques mais une partie de son analyse reste pertinente pour le Maghreb. En 1999, le Ministère de la Coopération (créé en 1961 et au sein duquel un Bureau du cinéma avait permis le soutien des films de fiction francophones d'Afrique, une aide à double tranchant puisque l'utilisation des fonds ne favorisait pas toujours les pays concernés) est réintégré aux Ministère des Affaires Etrangères. Une politique de soutien aux cinémas africains (dont la création du Fonds Sud en 1984 bénéficiant de plus de 2 million d'Euros annuels complétés par une aide du CNC et du Ministère des Affaires Etrangères, et du Fonds Sud Télévision en 2001) offre une aide non seulement à l'écriture, à la production, la postproduction, mais aussi à la distribution et l'exploitation. Le Fonds Sud a été étendu à d'autres pays, les pays d'Amérique du Sud, d'Asie et même d'Europe de l'Est pour des œuvres montrant « une forte identité culturelle ».

concernés mènent à des histoires du cinéma liées à des histoires politiques, économiques et culturelles très différentes.

Même si nous ne pourrons développer ici une analyse détaillée des mécanismes de légitimation des films, ces cinémas constituent une cinématographie mineure tant en termes du nombre de films produits et distribués, qu'en termes de reconnaissance par les instances de légitimation en France, que ce soit les institutions, la critique, les publics ou les savoirs scientifiques ou de vulgarisation.

Selon une analyse de Susan Newman-Baudais sur l'accès des films non-européens aux écrans européens, en 2004 les Etats-Unis représentaient 59,7 % des ventes de billets de cinéma en Europe. A cela s'ajoute 27,8 % de productions américano-européennes. Certains cinémas tels que la France représentent 9,5 % et l'Allemagne un peu au-delà de 4 %, le reste du monde ne comptant que pour 2,1 %. Dans ce contexte, la France demeure de loin, le plus gros marché pour ces films « du monde ». Encore plus éloquent, à partir de la base de données *Lumière* très utile mais dont on ne saurait sous-estimer le caractère incomplet, Newman-Baudais remarque qu'entre 1999 et 2004, 141 longs métrages d'Afrique, du Proche et Moyen-Orient (contre environ 9000 films américains et/ou européens), sont sortis sur les écrans européens, et que 50 % des billets vendus pour ces films ont été vendus en France. Comme le note très bien, Winifred Woodhull, dans le contexte de la mondialisation actuelle, on ne saurait réduire la circulation des capitaux, des films et des personnes à un rapport franco-maghrébin (Woodhull, 2003). Il n'en demeure pas moins qu'en ce qui concerne le cinéma, les rapports franco-maghrébins sont dominants[78]. Un des points communs les plus frappants aux cinémas du Maghreb demeurerait peut-être le nombre de coproductions financées majoritairement ou non par la France, même si la mise en place de toute une politique européenne du cinéma, encore peu visible, risque d'affecter profondément les rapports de la France aux cinémas « du Sud » (Hoefert de Turegano, 2005).

Les cinémas du Maghreb sur les écrans commerciaux français et européens

Une comparaison croisée établie à partir de trois bases de données (la base de données *Lumière*, *Le Film Français* et *CBO*) nous donne une idée assez précise du nombre de films pour lesquels le Maroc, l'Algérie et la Tunisie ont participé et qui ont été distribués sur les écrans français (et dans une moindre mesure sur les écrans européens) dans les dix dernières années, à l'exclusion des reprises[79].

---

[78] Les rapports des différents pays du Maghreb aux pays européens mériteraient une analyse plus fine puisque les coproductions et la formation des personnels n'impliquent pas uniquement la France. La Belgique, les Pays-Bas, l'Italie… sont concernés également, mais la domination des rapports franco-maghrébins demeure incontestable.

[79] Les données relevées ici par les différentes sources marquent parfois des différences

Le Maroc a participé à la production de 33 films sortis sur les écrans commerciaux européens dont sept films sont considérés comme des productions nationales. Deux de ces films sont soit de grosses productions internationales comme *Molaade* de Sembene Ousmane sorti en 2005, ou *Intervention Divine* d'Elie Suleiman en 2002, soit des films étrangers qui ne permettent pas de les classer parmi les films marocains, *Bedwin Hacker* de Nadia El Fani, réalisatrice tunisienne, en d'autres termes des films pour lesquels le Maroc est une coproduction minoritaire… Il reste donc 30 films.

L'Algérie a participé à la production de 22 films sortis sur les écrans commerciaux européens, tous sont des coproductions[80].

La Tunisie a participé à la production de 25 films ayant trouvé le chemin des écrans commerciaux européens, dont 5 sont des productions nationales. Six de ces films sont, soit de grosses productions internationales, telles que *Molaade*, soit des films d'auteurs étrangers pour lesquels le financement tunisien est minoritaire et ne permet pas de les classer parmi les films tunisiens. Il reste donc 19 films sortis sur les écrans européens pouvant être classés comme films tunisiens.

La part de la France dans la spirale de la production et de la distribution des cinémas du Maghreb

Si l'on considère les sorties sur les écrans français, il est clair que la France constitue de très loin le premier coproducteur et le premier importateur de films du Maghreb. Sur les 30 films « marocains » sortis sur les écrans en Europe, 23 films sont des coproductions. Vingt-trois sont sortis sur les écrans français. Parmi ces derniers, 17 films sont des coproductions avec la France dont 14 sont répertoriées comme étant majoritaires. Huit films sortis en France ont obtenu une aide du Fonds Sud sur 17 films marocains soutenus pendant la même période.

Les 22 films « algériens » mentionnés sont sortis sur les écrans français. Tous ces films sont également des coproductions avec la France, sauf un, *Les Suspects* de Kamal Dehane (sorti en Belgique en 2005 et qui est une coproduction avec la Belgique). Treize films sont des coproductions majoritaires françaises. Quatre films produits par l'Algérie et sortis en France ont reçu une aide du Fonds Sud sur 13 ayant été soutenus.

significatives à la fois dans la mention des pays producteurs ainsi que dans les chiffres du box-office. Ce travail minutieux de comparaison ne peut que rendre les lecteurs sensibles à des marges d'erreur possibles même si ces dernières ne sauraient remettre en cause l'ensemble des réflexions tirées de ces calculs.

[80] Nous excluons de ce classement *Algérie, histoires à ne pas dire* de Jean-Pierre Lledo sorti le 27 février 2008 et *Rome plutôt que vous* de Tariq Teguia sorti le 14 avril 2008 sur les écrans français et dont les chiffres du box-office en salles ne sont pas disponibles.

Sur les 19 films « tunisiens » sortis sur les écrans européens, 17 films sont sortis en France. Sur ces 17 films, 12 sont des coproductions avec la France dont « seulement » six sont majoritaires. Dix films sortis en France ont obtenu une aide du Fonds Sud sur 18 films soutenus.

Le box-office des cinémas du Maghreb dans une approche comparative France/Europe

La banque de données *Lumière* dans toutes ses limites permet une comparaison de la distribution et des chiffres du box-office des films du Maghreb au niveau européen. Les résultats ne peuvent être qu'approximatifs puisqu'ils ne prennent en compte que l'ensemble des films effectivement sortis en salles[81].

Les films marocains ont été distribués dans 21 pays européens. Si la France en a sorti 23, les Pays-Bas 9, la Belgique et la Grande-Bretagne 7, l'Italie et l'Espagne 5 (bien que le Maroc ait également connu une présence coloniale espagnole, bien qu'il ait sur son territoire une large communauté de migrants marocains qui fait l'objet de documentaires, *Quand les hommes pleurent* de Yasmine Kassari (1999) ou *El Ejido, la loi du profit* de Jawad Rhalib (2006), cette histoire contemporaine n'a pas engendré d'intérêt particulier pour les films du Maghreb. Si l'on exclut les grosses productions internationales, le nombre moyen d'entrées pour un film marocain en Europe est de 25600 entrées.

Les films algériens ont été distribués dans 9 pays. La France en a distribué 22, la Belgique et la Suisse, deux pays francophones, 5 chacun[82]. La moyenne des entrées est de 62400 entrées par film mais il faut distinguer 4 films qui totalisent plus de 100000 entrées chacun (les grosses productions internationales et les films sur la condition des femmes) et totalisent plus de 75 % des entrées, les autres en comparaison ne faisant que 2000 entrées chacun en moyenne.

Les films tunisiens ont été distribués dans 14 pays. La France en a distribué 17, la Suisse 10, la Belgique, les Pays-Bas et la Finlande 5 chacun. Les films font en moyenne 39484 entrées en Europe mais il faut faire une distinction entre les films sur « la condition des femmes » qui représentent 59000 entrées chacun et les autres qui totalisent un nombre d'entrées très inférieur[83].

De ces observations, nous pouvons tirer quelques conclusions. Sur les 10 dernières années, mis à part les grosses productions internationales et « non » ou « moins » maghrébines, comme *Little Senegal*, *Molaade* ou *Intervention*

---

[81] Cette comparaison est établie uniquement à partir des films retenus dans la base de données *Lumière*.

[82] La banque de donnée *Lumière* ne prend pas en compte les films algériens très récents arrivés sur les écrans français et liés au renouveau de ce cinéma.

[83] La différence en France est encore plus forte puisque les films sur la condition des femmes totalisent 9 entrées sur 10 (Caillé 2007).

Divine, seuls les films tunisiens sur la condition des femmes, et quelques films marocains qui sont des coproductions avec l'Europe, *Ali Zaoua* de Nabil Ayouch sorti en 2001, ou *Le Grand Voyage* d'Ismaël Ferroukhi sorti en 2005, ont trouvé un public international en Europe. Les films qui sont distribués varient grandement d'un pays à l'autre. Dans l'ensemble, la distribution de ces films, qui sont de petits films, suit la trajectoire des productions, elles-mêmes étant le plus souvent liées à celles des réalisateurs et réalisatrices qui portent les projets. On ne saurait identifier des genres, des thématiques et/ou des réalisateurs qui traversent plus facilement les frontières européennes, il est clair que les films du Maghreb circulent davantage dans les pays francophones, qu'ils sont majoritairement distribués en France et que les publics sont clairement en France, même si, à ce stade, nous avons peu d'indications sur la composition des publics. Les chiffres régionaux de certains films nous permettent de supposer qu'ils attirent des publics issus des diasporas, des bi-nationaux ainsi que des publics français d'origine maghrébine. Là encore, même si les cinémas nationaux ne sont plus pensés exclusivement en termes de production mais également en termes de pratiques du cinéma, les analyses de la composition des publics des cinématographies étrangères moins prisées, et les variables utilisées ne nous permettent pas de cerner la dimension ethnique. Nous en tenant aux films entrés dans la base de données *Lumière*, les chiffres du box-office nous indiquent que :

- la France compte 64,5 % des spectateurs de l'Europe des 25 pour les films marocains.
- elle compte 60,5 % des spectateurs de l'Europe des 25 pour les films algériens.
- elle compte 66 % des spectateurs de l'Europe des 25 pour les films tunisiens.

La question des Corpus

Le bref exposé chiffré qui précède révèle assez bien les effets de la spirale de la production et de la réception des films du Maghreb en France et en Europe mais également les questions méthodologiques et théoriques qui sous-tendent une telle réflexion. Si nous considérons dans un premier temps, uniquement la question de la production construite à partir de leur distribution commerciale des films en salles, il est clair que toutes ces statistiques s'établissent presque exclusivement à partir des longs-métrages de fiction en 35 mm, qui sont le format standard des produits diffusés en salles, alors que des petits pays producteurs, tels que la Tunisie par exemple, ont toutes une tradition de soutien à la production des courts et moyens métrages, moins chers et qui offrent un espace de plus grande expérimentation, et de documentaires.

Tout un pan de la production, d'expériences sur la forme ou les thématiques disparaît ainsi[84].

En outre, une telle étude montre que lorsque l'on parle des longs-métrages, les coproductions sont la norme et qu'il devient très difficile d'assigner un film à un pays. Des coproductions complètement internationales posent problème : *Little Senegal* de Rachid Bouchareb, né en France de parents algériens, qui traite d'un rapport au passé lié à l'esclavage, ou *Beur, Blanc, Rouge* de Mahmoud Zemmouri, Algérien, formé en France et dont *Beur, Blanc, Rouge* est un film représentant la France de l'immigration, sont-ils des films algériens ? Les financements sont internationaux et principalement français. En ce qui concerne les films vus en Europe, par exemple, les financements surtout français mais aussi européens dépassent de loin les coproductions entre pays du Maghreb même si plusieurs pays peuvent cofinancer un film avec un ou des pays européens. C'est le cas pour un des films tunisiens du corpus, *Bedwin Hacker* de Nadia El Fani (2003), et un des films marocains, *Keid Ensa* (Ruses de femmes) de Farida Benlyazid (1999), tous les deux réalisés avec des fonds tunisiens et marocains, mais il est clair que les films coproduits avec d'autres pays arabes sont rares. Autrement dit, parviennent en majorité sur les écrans européens les films dont les productions sont en partie au moins européennes et, dans ce contexte, la continuité entre pays de production et réseaux de distribution est évidente.

Limiter la nationalité d'un film à la production soulève également des problèmes méthodologiques. Que dire des réalisateurs algériens qui sont formés en Europe, produisent leurs films en Europe, et parfois y vivent également. Nouri Bouzid, Moufida Tlatli, Raja Amari, Djamila Sahraoui et tant d'autres ont été formés en Europe. Certains d'entre eux, Abdelkrim Belhoul, Nadia El Fani, Khaled Gorbal ou Djamila Sahraoui y vivent. En outre, dans quelle catégorie doit-on classer Nadir Mokneche, né en Algérie, ayant vécu dans ce pays jusqu'à l'adolescence, formé en France et aux Etats-Unis, et dont seul *Le Harem de Madame Osmane* (2000) est une coproduction algériano-française, *Viva Laldjérie* étant une production belge-française (2003) et *Délice Paloma* (2007) une production française ? Un tel parcours marque la percée d'un réalisateur sur les marchés internationaux mais signifie-t-il pour autant la disparition de toute attache avec le pays d'origine ? Il en va de même pour la production franco-belge d'Abdelkrim Belhoul, *Le Soleil assassiné* (2004). La nationalité de ces réalisateurs leur a d'ailleurs permis d'obtenir une aide du Fonds Sud. Ces films doivent-ils être considérés comme des films français alors qu'ils proposent des représentations de l'Algérie contemporaine. Que dire de Nabil Ayouch, né en France de père marocain et de mère française, qui n'est

---

84 Nous tenons d'ailleurs à remercier Melik Kochbati, Président de l'Association des Jeunes Tunisiens à Paris pour son aide très précieuse dans le développement de certaines réflexions sur le cinéma tunisien.

retourné au Maroc que plus tard et dont le succès des films gêne puisqu'il n'est pas toujours considéré comme étant « vraiment » marocain ? Son dernier film actuellement sur les écrans, *Whatever Lola Wants* (2008), est d'ailleurs une production franco-canadienne.

Enfin, il est aussi assez clair que les politiques volontaristes du cinéma initiées par les pays du Maghreb ont une influence sur le marché international des films. Le Maroc qui produit actuellement environ 10 longs métrages par an et compte en produire 20 dès 2012 fait aujourd'hui figure d'exception dans le sens où un investissement national et la gestion du Centre cinématographique marocain (CCM) ont favorisé l'émergence d'un cinéma national, qui marche bien nationalement et internationalement et dont 3 ou 4 films parviennent sur les écrans européens chaque année. Il est moins dépendant des financements étrangers puisque 7 films sortis sur les écrans européens sont des films marocains, contre seulement 5 films tunisiens du temps où le cinéma en Tunisie était plus soutenu. Le cinéma algérien est en crise depuis longtemps et aucun des films mentionnés n'est le résultat d'une production nationale même si le nombre de films algériens visibles sur les écrans commerciaux ces dernières années est en augmentation et encore mal recensé.

Par contre, la politique de soutien par le Fonds Sud à des productions ayant une « identité culturelle forte » ne garantit pas une sortie en salles en France, seul un film bénéficiaire de l'aide sur deux, voire un sur trois pour l'Algérie, sort en salles.

Cette recherche pose donc trois questions de fond.

La première a trait à la dimension transnationale de la production des films ainsi qu'aux migrations des personnels, que ce soit pour la formation ou la production, un schéma qui est la règle plus que l'exception. Parler des « cinémas du Maghreb » en ne se référant qu'aux pays de production des films est un terrain miné que la mobilité des personnes ne fait qu'aggraver.

La deuxième a trait au lien entre cinéma et « culture nationale » dans une économie du cinéma dont la dimension nationale appartient davantage aux imaginaires qu'aux conditions matérielles de production des films.

La troisième question a trait au rôle des diasporas comme véhicule privilégié des constructions identitaires. Nous terminerons donc par quelques réflexions.

Conclusion : la dimension imaginaire des « cinémas nationaux »

Les circuits de distribution commerciaux des films en salles étant peu ouverts aux « films issus du Maghreb » si tant est qu'une telle catégorie existe, les festivals, les réseaux parallèles comme, par exemple, les bibliothèques, les Instituts Français, ainsi que les autres supports et médias constituent une alternative concernant l'accès aux cinématographies étrangères en général et à celles des pays du Maghreb en particulier. Destinés à attirer un public plus vaste, dans une démarche parallèle, généralement pour un coût moindre, les festivals pallient ainsi l'offre largement absente des salles commerciales et rendent visibles de nombreux films qui n'ont d'autre accès aux salles[85]. Ce sont des structures plus souples que les salles de cinémas auxquelles ils peuvent être adossés. Souvent impulsés par des initiatives individuelles dans le cadre d'institutions, d'associations ou de petites structures de production, ils fonctionnent sur un nombre de personnes rémunérées très réduit et construisent un événement thématique qui maintient, voire même accentue le caractère sacré de la salle de cinéma. Paradoxalement, ils sont le lieu d'un mélange de formats, de supports par l'inclusion assez courante de films produits en numérique, de courts et de moyens métrages et peuvent se rapprocher ainsi d'une gamme de productions plus représentative des pays dont ils promeuvent les films. L'affirmation de l'importance de la salle de cinéma et l'expérience collective partagée qu'elle initie tendent d'ailleurs à éclipser l'importance des télévisions dans la production et la diffusion, les festivals devenant les lieux de projection de films formatés pour les chaînes de télévision, mais considérés pour l'occasion comme ayant une valeur non seulement culturelle mais aussi cinématographique.

Là encore, l'espace ne nous permet pas de développer mais les observations menées en particulier lors de la dernière (maintenant défunte ?) Biennale des cinémas arabes à l'Institut du Monde arabe en 2006, du premier Festival du film tunisien à Paris du 13 au 15 mars 2008 (complétées par une enquête par questionnaire) et au Panorama des cinémas du Maghreb du 10 au 13 avril 2008 à Saint-Denis, nous permettent d'oser quelques remarques. Ces festivals sont ainsi fondés dans les discours sur une passion du cinéma défini comme l'expression d'une culture. Ils opèrent donc de manière ambiguë puisqu'ils réintègrent ainsi le cinéma dans un ensemble plus vaste de productions culturelles - musique, arts plastiques, artisanat, cuisine - et construisent la production et la diffusion d'images comme un espace nécessaire de médiation dans la compréhension de soi et de l'autre, en d'autres termes dans un processus de construction identitaire[86]. Mais ils tentent également de se positionner comme une passerelle ou un relais pour des films en quête de distributeurs et deviennent les lieux d'affirmation, à la fois d'un attachement au cinéma et à ses valeurs, à la fois de leur redéfinition par la promotion d'un capital culturel généralement peu visible. Les dernières observations attestent qu'ils ouvrent un espace pour une redéfinition progressive de plus en plus décomplexée mais assez contradictoire des conceptions de la production du cinéma[87]. Enfin, le

---

[85] Les festivals sont devenus un objet de recherche prisé dont les questions dépassent le cadre de cette étude, et les processus de hiérarchisation de ces derniers demanderaient une étude beaucoup plus développée.

[86] Introduction de Boris Spire, Directeur du cinéma l'Ecran qui hébergeait le Panorama des Cinémas du Maghreb.

[87] Ces remarques sont le résultat d'une enquête par questionnaire menée à l'issue du

questionnaire dépouillé nous permet de voir combien les festivals en France demeurent le lieu privilégié de la rencontre entre des diasporas et des films et ainsi le véhicule d'identités nationales, des diasporas qui contribuent à leur production et des films qui servent de passerelles (Bensalah, 2005 ; Tarr, 2005).

Cette dimension nationale ressort le plus clairement dans les débats qui accompagnent les projections. Le rapport triangulaire entre les publics, les réalisateurs et les films devient le lieu de questionnements et, paradoxalement, de réaffirmation d'identités nationales fortes, même lorsque celles-ci sont contestées par les films. Dans les deux débats qui ont ponctué les deux derniers festivals mentionnés, « Le cinéma tunisien, prémices et promesse d'une Nouvelle Vague ? » et « Cinémas du Maghreb : Miroir de la société arabe ? », les personnalités présentes, réalisateurs, producteurs, critiques, universitaires, ont le plus souvent ignoré dans leurs commentaires le fait que ces deux festivals se déroulaient dans la diaspora[88]. Mais le caractère événementiel et donc médiatisé des festivals ne saurait occulter d'autres formes moins visibles de consommation des films dans la sphère privée par l'accès des films par la télévision ou en VHS et DVD (achat, location, prêt en bibliothèque, piratage) qui restent des domaines peu explorés des rapports entre publics et films et qui constituent, là encore, des lieux de constructions des identités nationales et/ou régionales sur des corpus différents de ceux des salles commerciales et des festivals.

Festival du Film Tunisien et des débats intenses qui ont ponctué ce Festival et le Panorama des Cinémas du Maghreb. Par exemple, lors du débat ayant suivi la projection de *Tissées de Mains et d'étoffe*, le réalisateur, Omar Chraïbi, et le scénariste ont affirmé la force et la richesse de leur collaboration, une collaboration entre scénariste et réalisateur généralement peu prisée par le cinéma d'auteur, ainsi que le désir de prendre leur distance vis-à-vis de la production de films à dimension nationale : « On fait juste un film et on essaie de le faire juste ».

[88] Seule Carrie Tarr de Kingston University en Grande-Bretagne, spécialiste des cinémas de l'immigration et beurs, a soulevé la question des cinémas de l'immigration et des diasporas pendant le second débat ainsi que Dalila Ennadre qui insista sur le fait que ses films étaient des productions européennes.

MEDIAS, MEDIATIONS ET GLOBALISATION : LE CAS DU GRAND-DUCHE DE LUXEMBOURG

SAADAOUI Linda

Le Duché de Luxembourg occupe une position singulière au centre de la Grande Région, (qui intègre la Lorraine pour la France, la Wallonie en Belgique et la Rhénanie-Palatinat ainsi que la Sarre en Allemagne), mais aussi parmi les États membres de l'Union européenne. Territoire de souveraineté qui a vu se succéder diverses dynasties, convoité et objet de multiples changements de régimes politiques, le pays affiche aujourd'hui un dynamisme exceptionnel enrichi par des atouts dus à la globalisation. L'une de ses particularités les plus remarquables est certainement son grand potentiel d'intégration. Dès lors, il est légitime de s'interroger sur les mécanismes d'une telle cohabitation, si improbable de prime abord pour ce « *pays profondément uni, jouissant d'une paix sociable enviable* » (Trausch, 1999 : 7) formé par un tissu composite de plus de 150 nationalités différentes auquel s'ajoute un phénomène quotidien de migration économique : les travailleurs transfrontaliers. Luxembourgville, peuplée de deux tiers de résidents étrangers, constituerait en ce sens un modèle en matière d'insertion sociale[89] via un paradigme d'intégration par l'économie. Comment par ce vecteur plutôt que par celui de la culture, construire ou maintenir une cohésion sociale sommairement et difficilement concevable ?

Pour répondre à ces questionnements, il s'agira d'observer les médiations historiques qui constituent encore nombre d'enjeux économiques, politiques et sociétaux. Cependant, ce phénomène de mondialisation ne va pas sans un courant de protection de l'identité au fur et à mesure du développement économique. Il n'est pas à l'abri de créer des tensions dans la société multiculturelle. Sous le prisme du plurilinguisme et de la nationalité, il sera

[89] Le Luxembourg compte plus de 475 000 habitants. En 30 ans, la population de résidence s'est accrue de quelque 100 000 personnes. En comparaison avec des pays voisins ou proches, cette croissance démographique est plutôt exceptionnelle. Le point saillant de la croissance démographique est la place prépondérante prise par l'immigration. Source : Statistiques.public.lu.

nécessaire d'appréhender en quoi le « *triangle infernal identité-culture-communication* » théorisé par le sociologue Dominique Wolton (2003) peut se révéler un risque politique s'il n'est pas considéré avec précaution. A travers notamment l'étude d'un fait divers (« la guerre des drapeaux ») né dans la presse luxembourgeoise autour de la compétition mondiale de football en 2006, sera portée une attention aux incidences locales directement imputables à une « autre mondialisation », celle de l'information et de la communication.

Luxembourg ou l'émergence d'un pilier européen

Si le rôle prégnant joué par le « petit » Grand-Duché de Luxembourg dans le concert des nations peut étonner, il n'est pas sans une histoire qui dévoile de longues souffrances endurées. L'historien luxembourgeois Gilbert Trausch souligne que la seconde moitié du 20ème siècle fut « *probablement la période la plus heureuse que les Luxembourgeois aient jamais vécu au cours de leur histoire millénaire* » (Trausch, 1999 : 8). Difficile de croire qu'au début du 18ème siècle, sous domination des Pays-Bas autrichiens, Luxembourg est « *pauvre et inculte* » (De Sterio, 1998 : 26). Tant d'un point de vue sociologique que linguistique, comme le dépeint le Professeur luxembourgeois Alexandre Marius Dées De Sterio. Le pays s'apparente en cette époque à un réel « *pot pourri hollando-prusso-belgo-luxembourgeois* » (De Sterio, 1998 : 55) où le passage de différentes armées en font un lieu de transit symboliquement fort : un « *Gibraltar du Nord* » (De Sterio, 1998 : 26). Il ne commencera à émerger comme un territoire indépendant et européen que dans la seconde moitié du 2ème siècle. Libéré en 1944 de l'occupation allemande, l'Etat est appauvri et cherche à se reconstruire. La Grande Duchesse Charlotte plaide alors la cause de son pays à l'international et obtient le soutien des Etats-Unis qui en font un membre permanent de l'ONU en 1945 puis de l'OTAN (L'Organisation du traité de l'Atlantique Nord) en 1949. Tout s'accélère pour le Grand-Duché, « *tiny* » disent les Américains, à peine plus grand que Rhode Island[90], qui ne perçoit pas encore le poids du futur rôle politico-économique prégnant au sein d'une Europe, d'un monde en mutation. Robert Schuman, l'enfant du pays, en sa qualité de Ministre des affaires étrangères de la République française propose la création de la CECA[91] en 1951. En 1957, le Luxembourg participe à la CEE et renforce son statut de ville capitale en devenant avec Strasbourg et Bruxelles, l'une des trois plaques tournantes des institutions européennes.

[90] Rhode Island est le plus petit Etat des Etats-Unis.

[91] Ce traité instituant la Communauté européenne du charbon et de l'acier (CECA) a été signé à Paris le 18 avril 1951. Après l'établissement du BENELUX et avant l'établissement de la CEE puis de l'UE, il annonce les prémisses de la construction d'une Europe économique et ses pays fondateurs : la Belgique, la France, l'Italie, le Luxembourg, les Pays Bas, la RFA en sont les pionniers.

Dans les années 60, le pays en construction se développe à une vitesse exponentielle et demeure particulièrement actif pour renforcer son rôle de pays pro-européen en même temps que sa puissance capitaliste grâce à une législation propice et favorable qui voit des banques européennes et internationales s'installer. Ce nouveau statut de carrefour bancaire permet de résister et de s'adapter aux nouvelles donnes issues des deux chocs pétroliers et surtout de la crise sidérurgique qui ont lieu dans les années 70 (Lenoir, 2006). En 1983, une loi sur les SICAV[92] va accélérer le développement et la réputation d'une solide agora financière. De manière ambivalente et en parallèle à toutes les évolutions vécues par ce Luxembourg en mutation, toujours plus de flux d'immigration sont attirés par les secteurs de la sidérurgie et de la construction. En plus des besoins de mains-d'œuvre pour l'exploitation des mines qui se soldent par des migrations de pays européens, la nécessité d'autres nouvelles forces de travail diverses, *de facto* internationales, frontalières, ouvrières, qualifiées et/ou diplômée se fait précipitamment ressentir. Désormais dans ce nouvel *eldorado* européen, la construction d'un paradigme social commun pour une cohabitation de cultures devient nécessaire. En serait-ce la langue ?

Frontières, mondialisation et plurilinguisme

« *La pluralité des langues est la première condition de la diversité culturelle qui est la première réalité politique du monde contemporain* (...). La langue c'est l'unicité. *Il n'y a aucune identité culturelle possible sans le respect des identités linguistiques* » dit Dominique Wolton (Wolton, 2003 :101-106). Dans un pays fort de trois langues officielles, la nécessité du plurilinguisme notamment dans le secteur entrepreneurial, parmi les citoyens luxembourgeois et ses populations frontalières de la Grande Région sera évoquée.

« *Lëtzebuergersch Schwätzen* » ou des enjeux culturels, politiques et économiques

Avec la production « Samsa », le luxembourgeois Paul Kieffer réalise « *Nuits d'Arabie* »[93], le premier mélodrame de genre luxembourgeois. Entre le Luxembourg et l'Algérie « deux oasis : l'une tout à fait réelle, un petit pays quasiment épargné des plus violentes tempêtes d'un monde globalisé ; et l'autre fantasmée en plein Sahara [Tabelbala][94] ». Une scène particulière du film attire l'attention sur l'obstacle langagier pour communiquer dans deux langues

---

92 Cette loi sur les Sociétés d'investissement à capital variable figure depuis dans la réglementation luxembourgeoise. Un cadre légal et des moyens juridiques sont prônés par les ministères concernés.

93 *Nuits d'Arabie*, sortie en salle : le 16 novembre 2007, Samsa Productions.

94 Tabelbala est une Oasis située à 450 kilomètres au sud de Béchar, où se déroule une partie du tournage du film. Elle est connue par la beauté de ses sites et ses vestiges historiques.

« étrangères » : le luxembourgeois et l'arabe. Georges, protagoniste principal à la recherche de sa dulcinée algérienne, est amené à demander à un berger des informations sur un accident de bus qu'elle aurait pu prendre. « *Wat ass geschiet ? Hat de Bus een accident* ? ». Pour réponse : « *Ma f'emtekch ya oulidi* », (sous-titré en arabe et en anglais). Georges ne saisit pas ce que lui dit le berger en Arabe, et ce dernier non plus. Toutefois ils semblent se comprendre…

Si le langage est l'instrument de la pensée, la langue luxembourgeoise spécifiquement est l'expression de l'hybridation d'une tradition latine et d'une romande. De l'héritage historique franco-allemand, précédemment discuté, il subsiste des pratiques de langage : une langue vernaculaire se parle depuis les temps anciens, l'idiome francique-mosellan reconnu comme une langue minoritaire par l'État français en 2005 ou le *lëtzebuergesch*, qui se pratique de façon courante aujourd'hui encore. Le Luxembourg possède une situation linguistique singulièrement unique. Affichant trois langues officielles : le luxembourgeois, le français et l'allemand, une quatrième langue est même employée dans nombres de documents administratifs : le portugais pour une communauté grandement lusophone. Aussi, de multiples entreprises prennent l'initiative d'intégrer des cours de luxembourgeois pour participer à l'accroissement de la productivité. « *Ech schwätzen och lëtzebuergesch* », « *Lëtzebuergesch Fir All dag* », « *Lëtzebuergesch léiere mat MP3* » [95]: ces titres de divers manuels d'apprentissage révèlent une expression de la volonté de communiquer avec une langue commune et fédératrice. Le dictionnaire bilingue français luxembourgeois *Luxdico* coécrit par le Docteur-és-lettres Jérôme Lulling et le Professeur Emérite François Schanen (Lulling, Schanen, 2005), s'inscrit comme l'explique dans l'avant-propos du livre, Manfred Peters, Doyen de la faculté de Lettres de Namur, « *dans une démarche de rayonnement culturel* ». En ce sens, le travail effectué par les deux coauteurs luxembourgeois est révélateur d'une conscience de la nécessité d'un langage de tradition orale à restituer à l'écrit. De surcroît, ajoute le Doyen : « *depuis 1984, le luxembourgeois est reconnu comme langue nationale du Grand-Duché. D'autre part, l'Union européenne prône l'apprentissage de la langue du voisin, si modeste en soit le territoire. (...) Pour les Belges, les Français et les Allemands, apprendre le luxembourgeois et s'ouvrir à la culture qu'il véhicule, est d'un intérêt évident, que les motivations soient économiques ou interculturelles* » (Lulling, Schanen, 2005 : 8). Outre les discussions passionnées actuelles qui tendent à préparer la loi sur la double nationalité en 2009 il faut se rappeler qu'en novembre 2004, le rapport sur la compétitivité économique du Luxembourg soulignait que 80 % des salariés du secteur privé sont étrangers, résidents ou frontaliers, tandis que 80 % de ceux du secteur public sont luxembourgeois (Cordellier, Chabrol, 2006). Lors d'une conférence traitant de la nationalité et de ses implications sur le développement socio-économique en

---

[95] Respectivement : ASTI asbl., Luxembourg, 2005 ;Guy Bentner, Centre De Langues Luxembourg, 2000, Ville de Luxembourg, 2007.

février 2008[96] un autre rapport commandité par le Ministre de la Justice sur les enjeux de la double nationalité, indiquait que : « *L'une des raisons invoquées de la prospérité économique du Grand-Duché est sa très grande ouverture du point de vue des échanges commerciaux et des investissements étrangers, mais aussi du point de vue démographique. A cet égard, les résidents étrangers contribuent largement à la richesse, à la diversité linguistique et culturelle et à la démographie du Luxembourg. Alors que le Grand-Duché semble avoir prouvé sa capacité à intégrer des vagues successives d'immigration, il apparaît juste et souhaitable d'accorder plus de place aux ressortissants étrangers qui font des efforts d'intégration. La loi sur la nationalité luxembourgeoise devra permettre au pays de rejoindre les standards de nombre de ses partenaires européens. Elle devra atténuer le décalage entre forte contribution des étrangers au développement et déficit démocratique important dont ces derniers risquent de faire l'objet* ».[97]

Si pour les autorités ce rapport vise à anticiper le devenir politico-économique du pays et l'intégration de ses étrangers, l'on comprend aisément les motivations des étrangers d'acquérir la langue et de s'initier à la culture luxembourgeoise. Ces dernières sont comme une clé pour l'obtention de ce passeport qui, très certainement, changera le visage démographique de manière réfléchie.

Luxembourg ou une communication d'entreprise

L'évolution des médias avec l'essor des multimédias a rendu nécessaire une vision différente, par les entreprises, de leur positionnement sur le marché de la communication. Outre les motivations relatives aux taux de TVA attractifs dans le domaine de l'*e-service*, des sociétés internationales de grande envergure choisissent en définitive leur implantation à Luxembourg et saisissent les défis à relever d'une nation hybride pour fédérer des valeurs à travers leur stratégie d'entreprise. Pour exemple, la société britannique *The Phone House Services Sarl* (*TPH S*), dans le secteur des télécommunications détenant *« un chiffre d'affaires qui atteint des centaines de millions d'euros »* reprend une partie des activités du géant américain AOL et choisit de conserver sa domiciliation à Luxembourg[98]. Dr. Nina Gallois, *Managing Director* de la société, explique ce choix de la diversité dans le mensuel économique *Paper Jam : « There are*

---

[96] « La réforme du droit luxembourgeois de la nationalité et l'introduction de la double nationalité », en présence du Ministre de la Justice Luc Frieden et le Dr. Francis Delpérée, de l'Université Catholique de Louvain, avec la Chambre de Commerce, 12/02/2008.

[97] http://www.cc.l.

[98] Branche de *Carphone Warehouse* le plus grand distributeur européen de téléphonie et services, TPH S présente avec 2,1 millions de clients, est installée à Luxembourg depuis novembre 2006 suite à l'acquisition des opérations de services à la clientèle Internet du géant américain « American On Line », *AOL Europe Services.*

many good reasons for TPH Services to operate in Luxembourg (...). This implantation in Luxembourg will consolidate our geographical position in the center of Europe » (Alyson, 2008 : 44). S'il est manifeste que la mondialisation veut qu'à l'échelle de la place financière, l'origine ou la nationalité d'une société détermine la langue utilisée pour la communication (par exemple, le français pourra être utilisé au sein d'une banque française), la langue anglaise préside aux réunions entre personnes de différentes nationalités. C'est le cas de *TPH S*, entreprise ouverte à la mondialisation dans laquelle pas moins de huit langues peuvent être employées : de l'allemand au néerlandais en passant par l'espagnol en allant jusqu'à l'arabe. La richesse de cet environnement de communication cosmopolite participe aussi de la dynamique de l'entreprise qui possède un fort potentiel de ressources humaines internationales. Le plurilinguisme devient un rouage du processus de mondialisation qui s'opère en ce sens sur la stratégie des entreprises. Un autre exemple en est celui de la société de restauration *Pizza Hut*[99] qui recrute ses employés selon un critère particulièrement ciblé : les compétences linguistiques. Tout un chacun doit savoir parler le luxembourgeois ou suivre des formations pour l'apprendre. Fernand Fehlen, sociologue, enseignant et chercheur au Centre Universitaire de Luxembourg met en exergue un certain paradoxe de cette chaîne. Il explique : « *Les employés ont clairement affiché en 2005 et 2006 notamment par l'intermédiaire d'un badge qu'ils parlaient ou qu'ils apprenaient le luxembourgeois. Il y a manifestement une vraie prise de conscience de la part de cette enseigne et cela n'est pas anodin, ils ont sans ambigüité la volonté d'attirer la clientèle à revenu modeste mais aussi la clientèle luxembourgeoise. Pizza Hut Luxemburg communique en ce sens en toute conscience de ce qu'est la diversité de la clientèle présente au Grand-Duché* »[100].

Emblématique d'une certaine mondialisation et plus particulièrement d'une normalisation alimentaire sur le modèle américain, cette société, comme de nombreuses autres à Luxembourg, intègre pourtant une ouverture sur la localité dans sa culture d'entreprise, ce par la perspective langagière.

Le travailleur transfrontalier : un voisin plus étranger ?

Pour comprendre les motivations du travail transfrontalier sera privilégiée l'approche du chercheur strasbourgeois Philippe Hamman (2005) qui apporte *via* une enquête sur les acteurs de la construction d'un *no man's land* des éléments significatifs pour comprendre les tenants et les aboutissants d'une Europe sociale et économique. Le travailleur transfrontalier est le *« produit d'une structure du marché du travail qui ne se limite pas aux cadres étatiques,*

---

99 Cette société née en 1958 compte aujourd'hui près de 13 000 points de restauration rapide sur les cinq continents dont deux au Luxembourg.

100 Entrevue avec Fernand Fehlen, 11/07/2006 in Nikolas Lenoir, *Plurilinguisme du marché du travail luxembourgeois et perspectives des frontaliers, op.cit.* pp. 40-45.

le travailleur frontalier se définit par sa résidence et son activité dans deux espaces nationaux différents, contigus et délimités, entre lesquels il opère des migrations pendulaires quotidiennes ou au moins hebdomadaire » (Hamman, 2005 : 14). En France, on en dénombre de plus en plus sur les frontières européennes suisses, allemandes et belges. Toutefois le profil sociologique des flux transfrontaliers de main d'œuvre pour la seule Lorraine, frappent par leur intensité : on dénombre en 2005 presque 95 000 frontaliers lorrains dont 60 000 au Luxembourg, 30 000 en Allemagne et 5000 en Belgique. Dans un sondage réalisé auprès de la communauté virtuelle « www.lesfrontaliers.lu »[101], qui regroupe essentiellement une communauté francophone, on constate que les transfrontaliers sont plus de 80 % à vouloir apprendre une ou plusieurs langues et le luxembourgeois est cité à hauteur de 45 % contre 35 % pour l'allemand. Les frontaliers interrogés sont essentiellement bilingues français/anglais. Si la quasi-exclusivité des sondés parle français, les quatre cinquièmes estiment parler l'anglais, contre 28 % parlant l'allemand et moins de 10 % le luxembourgeois[102].

En ce sens, les chiffres sur ces travailleurs transfrontaliers lorrains sont loin d'être négligeables « *surtout si l'on garde à l'esprit que la plupart d'entre eux seraient au chômage, s'ils étaient restés en France. Ils permettent à certaines localités de se maintenir économiquement et ils sont comparables aux travailleurs immigrés, qui par leur salaire, font vivre leur village en Afrique* » comme le soulève Maurice Blanc, Professeur de Sociologie à Strasbourg (Hamman, 2005 : 8-9). Quand l'attrait salarial constitue pour le transfrontalier de prime abord un avantage[103], *a contrario*, sa situation peut être le résultat d'une « fuite » : fermetures d'entreprises locales ou absence de débouchés pour de jeunes diplômés, victimes de la crise économique de leur pays de résidence. Le processus d'apprentissage de la langue luxembourgeoise par ces travailleurs frontaliers qui exercent un emploi à l'étranger, mais un « *étranger nécessairement proche* » est indéniablement aussi à considérer notamment comme un avantage pour l'insertion professionnelle.

« L'autre mondialisation » ou des risques liés à la communication et l'information

Dans un monde perpétuellement changeant, Dominique Wolton met en garde contre ce que l'on pense être un paradoxe, mais que l'actualité prouve :

---

[101] Avec son homologue allemand « *diegrenzgaenger.lu* », il s'agit du site Internet de référence pour les travailleurs frontaliers au Luxembourg.

[102] Echantillon de 1000 personnes. Nikolas Lenoir, *Plurilinguisme du marché du travail luxembourgeois et perspectives des frontaliers, op.cit.* p. 30.

[103] Alors qu'en France le salaire horaire net moyen est de 9 €, il est de 12,8 € au Luxembourg. Le Salaire Social Minimum est de 1503,42 € brut pour une personne âgée de plus de 18 ans et non qualifiée contre 1804,11 € pour un majeur qualifié.

l'information ne crée pas la communication. Dans cette perspective, l'auteur développe la thèse de la « cohabitation culturelle » (Wolton, 2003 : 49) dans laquelle l'identité doit être valorisée dans sa dimension relationnelle et non pas comme un refuge. Or parler la même langue que son voisin se révèle t-il suffisant pour mieux communiquer ? Et le sociologue de préciser : « *Un autre phénomène moins visible, se profile, expliquant pourquoi la culture devient un enjeu politique : le sentiment d'un risque de dépossession* ». Ainsi des pistes de définition d'une « culture luxembourgeoise » seront proposées avant d'illustrer à partir d'un exemple de fait divers lié au mondial de football datant de 2006 que la cohabitation des cultures peut s'avérer litigieuse.

Luxembourg ou une autre définition de la culture ?

Dès 2004, une politique de la culture se définit lors d'une déclaration gouvernementale[104] du Premier Ministre Jean-Claude Juncker qui affirme la volonté d' « *enraciner et étendre le rayonnement culturel du Grand Duché de Luxembourg* ». L'année 2007 se veut alors pour Luxembourg et la Grande Région, celle de « *capitale européenne de la culture* ». En se jumelant à Sibiu, ville roumaine, le concept de la Grande Région entend affirmer une volonté axée sur l'ouverture à l'extérieur, à une Europe de la diversité enrichie par l'adhésion à l'Union de la Roumanie et de la Bulgarie. Enthousiastes sont les journaux qui relaient la promotion de l'évènement à l'instar du quotidien *La Voix du Luxembourg* pour lequel l'éditorialiste Sonia Da Silva tirait un premier bilan et décrit : *« une capitale qui n'aura peut-être pas suscité d'incompressibles appétits culturels par-dessus nos frontières mais dont les acteurs, eux, sont considérablement rapprochés, amorçant ainsi un laboratoire européen de la culture que nombre de pays pourraient nous envier* » (Da Silva, 2007). Aussi à l'instar de Frank Wilhelm, Professeur de Lettres à l'Université de Luxembourg, il serait légitime de se demander : Y a-t-il une « culture luxembourgeoise » ? (Trausch, 1999). En français, le mot culture désigne tout d'abord l'ensemble des connaissances générales d'un *individu*[105] tandis qu'en langue allemande, la définition de la culture individuelle ou culture générale correspond au mot « *Bildung* »[2]. Il existe un autre terme pour définir la culture qui est également le résultat des théories développées par les membres de l'école de Francfort, Horkheimer et Adorno[106], le concept de « *Bildung* » emprunté à Herder[107]. Si la

[104] Déclaration gouvernementale du Premier Ministre Jean-Claude Juncker à la Chambre des députés de Luxembourg, 04/08/2004.

[105] *Le Petit Larousse* de 1980 donne, en plus de la conception individuelle, une conception collective : ensemble des structures sociales, religieuses, etc., des manifestations intellectuelles, artistiques, etc., qui caractérisent une société. Le terme peut alors revêtir l'un ou l'autre sens, mais la proximité des domaines d'utilisation de chacun en fait une source d'ambiguïté.

[106] L'école de Francfort est principalement connue pour ses travaux sur la culture de masse dans les sociétés modernes, dont elle construira une critique à partir du concept

Bildung,[108] culture individuelle de tout un chacun, par définition évolutive, peut être traduite par l'éducation, artistique, éthique appartenant à un ensemble d'individus disposant d'une identité, la somme des acquisitions de connaissances éclectiques tendant à la construction personnelle de la culture générale, en opposition, la culture collective renferme l'idée d'une identité culturelle commune à un peuple[109]. Frank Wilhelm explique : « *A force de s'ouvrir à des pratiques et à des manifestations de plus en plus insolites, parfois loufoques, la culture contemporaine, en Luxembourg comme ailleurs, perd de sa consistance. [Et de citer les spécialistes du Grand Dictionnaire de Culture Générale] : « Elle est le théâtre d'une métamorphose. Elle n'est plus unitaire, mais éclatée. (...) Le mot de culture, tout d'abord, ne recouvre plus aujourd'hui les mêmes réalités que celle qu'il désignait hier. Le terme a perdu en cohérence ce qu'il a gagné en extension* ». Il ajoute encore : « *Pas plus qu'il n'y a de politique extérieure luxembourgeoise indépendante, il semble qu'il n'y a de cultures luxembourgeoise autonome. (...) Face aux grands voisins, face à l'unification européenne, face à la globalisation galopante, des conduites régressives, des replis sur soi, de recherche et de redéfinition de l'identité grand-ducale se manifestent à la fin du XXème siècle. La petitesse du Luxembourg, généralement ressentie comme avantage et facteur d'ipséité, l'oblige à s'orienter par rapport à des repères extérieurs pour mieux pouvoir s'ancrer dans ses racines supposées. (...) Plus que jamais, la question de savoir qui nous sommes afin de pouvoir éventuellement le rester, est pertinente* » (Trausch, 1999 : 197-198).

Luxembourg, somme de *Bildung* ou creuset d'une culture exceptionnelle ? Ainsi, pour le complexe Duché, si des définitions plurielles de la culture sont avancées avec précaution, appréhender des notions tout aussi abstraites que les frontières, la mondialisation ou la langue s'avère tout aussi délicat.

Mondial *versus* local : match à haute tension

Dans cette partie, comme le théorise le sociologue Dominique Wolton, il s'agit d'explorer une facette du « *triangle infernal identité-culture-*

---

d'« *industrie culturelle* ».

[107] Humaniste allemand, Herder est l'un des plus grands critiques de Kant. C'est à lui que l'on doit le concept allemand de *Bildung*. *cf. Encyclopédie philosophique Universelle, les œuvres philosophiques*, Paris, P.U.F., 1992, p.1197.

[108] En langue allemande, la culture individuelle ou culture générale correspond à la notion de *Bildung* tandis que le terme *Kultur* renvoie à un patrimoine social, artistique, éthique appartenant à un ensemble d'individus.

[109] La théorie des médias au 20ème siècle naît essentiellement avec l'Ecole de Franckfort, et on la trouve précisément développée dans un texte intitulé « la production industrielle de biens culturels » texte que l'on trouve dans l'ouvrage La dialectique de la raison de Horkheimer et Adorno.

communication ». L'actualité récente en France montre, comme en témoigne l'affaire de la banderole « *Bienvenue chez les Cht'is* »[110] que les cultures, même sportives, pourtant lieux de l'esprit fédérateur, ont parfois du mal à se confronter à la réalité locale et deviennent au final le lieu d'expression de clichés et autres stéréotypes. En effet, au cours du mois de juin 2006, en plein cœur du mondial de football, une réflexion sur l'identité nationale fut suscitée par la presse écrite. Suite à une série de victoires de l'Equipe portugaise contre successivement l'Angola, l'Iran et le Mexique se préparent les huitièmes de final contre les Pays-Bas en date du 25 juin 2006. Aussi, dans un esprit « *supporter* », des drapeaux portugais furent accrochés à quelques balcons, fenêtres d'habitation. Confronté à la réalité locale qui voit la fête nationale et traditionnelle du pays, le 23 juin, jour durant lequel les couleurs luxembourgeoises se hissent à travers le territoire, le caractère ostentatoire de ce langage footballistique semble susciter des tensions. Drapeaux luxembourgeois ? Drapeaux portugais ? La réflexion émise par l'éditorialiste Danièle Fonck du quotidien luxembourgeois *Tageblatt* le 13 juin 2006 (Fonck, 2006) pose la question de l'intégration au Grand Duché : « *Dans ce concept [de coupe du monde], il est intéressant [d'observer] ce que révèlent les manifestations de patriotisme en marge des stades. Au Luxembourg, les drapeaux fleurissent les façades ? Fleurissent ? Non, pas vraiment ils les défigurent, témoignent de l'infantilisme et deviennent symbole de la non-intégration. Le phénomène devrait inciter nos gouvernements à la réflexion* ».

D'autres articles se font échos tel celui du journaliste Jacques Hillion (Hillion, 2006 : 5) qui écrit notamment : « *La multiplication des drapeaux laisse en effet un arrière goût de chauvinisme voire de patriotisme malsain* ». Ou encore, dans l'hebdomadaire *Le Jeudi,* André Wengler, enseignant et chroniqueur pour le même journal déplore : « (...) *le taux d'échec horriblement élevé des étrangers dans notre système scolaire, mais [pense] aussi que la situation changera pour les Portugais quand ils se seront réellement intégrés dans [le] pays, quand leurs téléviseurs ne resteront plus éternellement branchés sur RTPI* ». Les populations portugaises accusées de chauvinisme et de « repli communautaire » (Wengler, 2006 : 5), très rapidement réagissent sur le forum du site « *bomdia.lu* » au sein duquel une *« crisa das bandeiras* », guerres des drapeaux est dénoncée. Des interrogations sur la nature de l'information émergent dans l'espace public virtuel au point de se demander si elle se veut « *uma campanha anti-tuga* », comprendre une campagne anti-portugaise. Et d'autres commentaires plus ironiques, s'interrogeant sur l'existence ou non d'une loi qui interdirait les drapeaux étrangers sur le territoire luxembourgeois :

---

110 En référence à un film de Dany Boon sorti en 2008 qui met en tension les supporters de l'équipe parisienne PSG face à ceux de Lens que l'on désigne implicitement sur une large banderole qui indique « *Bienvenue chez les cht'is : pédophiles, consanguins, chômeurs* ».

- *A semelhança do que o fórum do Bomdia.lu tinha já anunciado na terça-feira passada, o jornal Contacto confirma que não existe nenhuma lei no direito luxemburguês que proíba a ostentação de uma bandeira estrangeira em território luxemburguês. Após pesquisa exaustiva em « www.legilux.lu », não foi encontrada e lei « fantasma » defendida e apregoada no artigo escrito pela jornalista Danièle Fonck.*

Et la rédaction du site Internet d'ajouter le mot de la fin en retournant le cliché du travailleur portugais docile et obéissant :

- *Aqui no Luxemburgo os portugueses mostraram, juntamente com as outras nacionalidades apaixonadas pelo futebol, que não chegam editoriais venenosos para esfriar a nossa paixão pelo desporto-rei. Mais que isso, as reacções – construtivas ou destrutivas – de todos os que se manifestaram contra a editorialista do Tageblatt serviram para mostrar que os portugueses não são só uma gentinha trabalhadora e calma que não gosta de fazer ondas (...). Por isso, o Bomdia.lu fecha o fórum que dedicou à petição contra a Danièle Fonck e espera que este caso sirva de exemplo. E, mais que isso, que as ideias da editorialista do jornal de Esch não vinguem junto de alguns espíritos mais pequeninos.*

Si le drapeau est l'emblème de l'affirmation d'une identité, ce cas de figure montre comment des incidences à un niveau local peuvent émerger de la situation de mondialisation. Quant aux propos qui ont froissé la communauté virtuelle portugaise du site « *bomdia.lu* » qui accusait le discours journalistique de stigmatisation de la communauté portugaise, à l'éditorialiste de reprendre la parole : « *"Le foot est-il patriotisme ?" a visiblement été lu. Le texte a suscité l'approbation d'un très grand nombre et l'incompréhension de quelques-uns. Leur avis nous intéresse, même si les minorités n'ont pas davantage raison que les majorités en démocratie* ». La signification sociale « *da crisa das bandeiras* », cette guerre des drapeaux suscite des interrogations sur la nature de l'information. Faits divers ? Fait de Société ? Simple billet d'humeur ? Comment à partir de différents dispositifs de communications comprendre que les représentations de la monarchie constitutionnelle puissent varier entre lieu de promotion de l'intégration ou *a contrario* comme socle pour caisse de résonance de représentations « xénophobes » ? Dans le secteur des médias les effets d'une évolution dont sont responsables les entreprises médiatiques se doivent d'être considérées attentivement. En ce sens, les conséquences d'une autre mondialisation sont à observer avec précaution surtout via des vecteurs aussi importants que ceux des sciences de l'information et de la communication.

Conclusion

« *Les pères fondateurs de l'Europe ont eu raison de ne pas commencer par la culture, mais par l'économie. Avec la culture, les Européens auraient continué de se battre, tandis que par l'économie, ils se sont rapprochés* » écrit Dominique Wolton (Wolton, 2003 : 160). La question d'une unicité pérennisée du pays se pose dans un contexte où les pays frontaliers voisins gèrent tant bien que mal leurs rapports aux identités et peinent à envisager les retombées de secondes ou troisièmes générations d'immigrations diverses. Quand la Belgique connaît une scission entre une Flandre flamande et une Wallonie francophone, pourquoi ne pas s'inspirer du voisin européen qui propose une tolérance ouverte et une ouverture vers l'étranger, un modèle de cohabitation des langues, certes atypique mais en phase avec les « temps modernes » ? Certes, l'échelle réduite du microcosme pourrait suggérer que les résolutions de conflits politiques ou économiques soient plus aisément applicables. Or l'expérience historique du pays sous diverses dominations révèle toutefois que la cohabitation loin d'être évidente est pourtant réalisable. Le projet de la loi sur la double nationalité paraît avant-gardiste d'un avenir à anticiper comme le prouve l'initiative des collèges échevins qui veut que le citoyen résidant depuis cinq ans puisse voter et participer de la *res publica*, de la citoyenneté. Aussi dans le futur, pour préserver cette harmonie, faudrait-il prêter attention à dissocier communication, information et désinformation au sein du microcosme globalisé, riche de sa diversité culturelle. Ce, afin d'éviter que ne gagne au final une « autre mondialisation » dans ce « *Tiny New York* » de l'Europe que constitue Luxembourg.

LA PERCEPTION CULTURALISTE DE LA PARTURIENTE LORS D'UNE INTERACTION THERAPEUTIQUE : LE CAS DE LA MATERNITE DE JIJEL (ALGERIE)

YEGHNI Samia

Mettre au monde un bébé est à la fois une chose d'extraordinaire et un événement naturel. Selon Szejer « *naître a priori, n'est pas un traumatisme, c'est une étape de la vie humaine, ce qui peut l'être, ce sont les conditions dans lesquelles se déroule la naissance, la façon dont elle fait résonance dans l'histoire du sujet et de la famille* » (Szejer, 2006).

La prise en charge de la parturiente dans la société algérienne constitue aujourd'hui encore un sujet inquiétant sur le plan médical, alors même que d'importants efforts ont été consentis par l'État, notamment à travers des programmes qui, en accord avec des valeurs sociales, culturelles et religieuses tendent à modifier progressivement le comportement des familles algériennes. L'amélioration de certains indicateurs socioéconomiques, démographiques et sanitaires, constatée récemment, invite à prolonger la réflexion autour de la prise en charge de la parturiente et plus particulièrement la place centrale de la dimension culturelle dans l'interaction thérapeutique.

En Algérie, comme ailleurs, la biomédecine n'est pas exclusive, elle doit coexister avec d'autres pratiques, notamment traditionnelles et religieuses. Certes, les évolutions de la médecine moderne ont indéniablement eu un impact positif sur la prise en charge des parturientes algériennes qui peuvent plus facilement vivre harmonieusement leur grossesse, grâce aux techniques obstétricales et chirurgicales telles que la détermination du sexe en échographie, ou encore les consultations prénatales dès le premier trimestre de la grossesse. Il n'en demeure pas moins que nombreuses sont celles qui restent encore très attachées à l'ensemble des rites culturels qui leur permettent de partager des croyances, des convictions et des valeurs à l'occasion d'un événement personnel et social d'une telle importance.

S'interroger sur le sens de la pratique culturelle, une nécessité.

Partant de ce constat, le présent article propose, à travers une approche empirique, une contribution à la compréhension des représentations sociales et culturelles de la parturiente en Algérie, et plus précisément dans la région de Jijel.

Etat de connaissance de la perception culturaliste de la parturiente

La grossesse est communément considérée comme une période de fragilité pour la femme, divers éléments culturels, sociaux, et sanitaires liés aux différents contextes individuels et familiaux pouvant émerger brutalement et engendrer du stress. Outre cette fragilité inhérente au vécu de la grossesse, la vulnérabilité de la parturiente peut être aggravée par d'autres facteurs, tels que la qualité du support psychoaffectif des thérapeutes ou encore les disparités socio-économiques, si bien que la grossesse peut devenir dans certains cas difficile à vivre voire traumatisante.

Plusieurs études ont déjà démontré que « *la culture influe directement sur les pratiques et les soins de santé*» (Kuster, Goulet, Pépin, 2002). Pour décrire ces différentes pratiques, nous avons choisi deux acteurs de proximité de la maternité, le thérapeute et la parturiente. Le thérapeute est l'élément moteur, car il peut proposer ou même imposer les comportements quotidiens nécessaires au bon déroulement de la grossesse. Il est le seul capable de comprendre l'interaction thérapeutique entre les différentes variables, qu'elles soient biologiques, religieuses, culturelles ou sociales. On lui reconnaît ainsi son aptitude à mettre en œuvre la stratégie thérapeutique la plus adaptée et à répondre favorablement aux attentes et besoins de la femme enceinte. Cette dernière dispose, quant à elle, d'une certaine autonomie dans la mesure où ses comportements vont s'inscrire dans des répertoires d'actions que nous pouvons classer au sein de trois approches. La première, culturelle, s'appuie essentiellement sur l'automédication et des pratiques héritées des coutumes et des croyances religieuses. Dans la seconde approche, biomédicale, son interaction avec le thérapeute se focalise uniquement sur les risques de grossesse, sans tenir compte des réalités socio-économiques et culturelles. Bien que cela permette d'obtenir le résultat thérapeutique escompté, de nombreuses interrogations subsistent quant à la satisfaction des attentes et des souhaits de la parturiente. Enfin, l'approche biopsychosociale, privilégiée notamment au Québec (Vadebancour, 2005), présente la particularité de prendre simultanément en compte plusieurs facteurs, aussi bien médicaux, que culturels, sociaux et psychologiques, si bien qu'elle peut être considérée comme une approche globale (Ferraguten et al, 2000 : 32). Elle offre à la parturiente une perception multidimensionnelle de sa grossesse qui la conduit à réaliser qu'elle n'est plus seulement enceinte, mais qu'elle attend un enfant. Cette prise de conscience lui permet par conséquent de tisser une relation non seulement avec son fœtus mais aussi avec les thérapeutes.

Le recours à ces nouvelles pratiques proposées par la médecine moderne dans les services de maternité tend aujourd'hui à se développer du fait de la gratuité partielle des soins, et des conditions réglementaires de déclaration de grossesse et d'accouchement en milieu assisté.

Ces avancées ne doivent cependant pas faire oublier que, dans la pratique quotidienne, le thérapeute éprouve d'énormes difficultés à suivre la parturiente. Il doit offrir une approche thérapeutique personnalisée s'il veut que soient pris en compte ses conseils curatifs et préventifs. Quant à la parturiente, elle doit être en mesure de se confier et de donner le modèle explicatif d'un comportement où il peut être question entre autres de mauvais œil, d'abstinence, de religion, etc..

Maintenir un discours thérapeutique équilibré entre les deux acteurs lors d'une interaction thérapeutique s'avère difficile, car les expressions du soin et le mode de vie se manifestent et se caractérisent par un comportement, propre à chacun, sur le vécu de la grossesse, les émotions, les attentes, les rapports de confiance et méfiance. La difficulté du thérapeute à comprendre le choix du suivi de grossesse de la parturiente, qui peut être différent de ceux proposés ou même imposés par une culture médicale, peut détériorer la relation thérapeutique au point de devenir dans certains cas une confrontation. Or c'est probablement la méconnaissance réciproque de l'aspect culturel propre à chacun qui demeure l'un des problèmes majeurs de l'interaction thérapeutique. On peut raisonnablement penser que les plaintes, les manifestations émotionnelles de la période de périnatalité sont l'expression d'une souffrance mal entendue. De là l'intérêt d'écouter la parturiente pour comprendre ce qui échappe aux thérapeutes et s'inscrit comme une entrave à l'accès aux soins. Si certaines parturientes sont réceptives aux pratiques proposées par les thérapeutes, d'autres sont confrontées à des barrières économiques, sociales et culturelles.

Pourquoi la parturiente souffre-t-elle encore des soins obstétricaux malgré un recours important à la consultation prénatale ? L'aspect culturel peut-il expliquer cet état de fait ?

Ces questions nous incitent à recourir à la théorie de la représentation sociale (Moscovici, 1961) de la parturiente qui relève des sciences humaines et sociales (Augé, 1984). Notre intérêt s'est ainsi porté sur des études telles que celles menées par Demicheli (2004), Moro (2004) et Ugeux (2004) qui ont montré l'importance de l'accessibilité culturelle de la parturiente.

Pour répondre à ces questions, nous avons formulé l'hypothèse suivante : la prise en charge par l'approche biomédicale simplifie la réalité socio-économique et culturelle de la parturiente et la considère comme un tout homogène. C'est à partir de ces préoccupations que d'autres disciplines des sciences sociales, notamment l'anthropologie, sont sollicitées dans la mesure où elles mettent en évidence la nécessité de tenir compte des représentations pour comprendre les comportements. Nous avons ainsi pu observer que les représentations sociales des parturientes peuvent être homogènes pour certaines et contradictoires pour d'autres, une différence probablement due à des facteurs sociaux, économiques, et culturels. C'est dans cette perspective que nous avons choisi de mener une enquête à travers une série d'entretiens semi directifs, dans le but d'identifier les nouveaux besoins des parturientes en santé reproductive.

Un aperçu du contexte épidémiologique de la maternité de Jijel

L'observation du contexte épidémiologique de la maternité met en lumière une variation sensible du taux historiquement élevé du risque de santé maternelle et infantile. Malgré la baisse de ce taux sous l'effet des différentes politiques sanitaires de l'Etat algérien, celui-ci demeure tout de même élevé, ce qui laisse supposer de probables difficultés rencontrées dans la prise en charge de la parturiente, comme en témoignent les cinq à six décès quotidiens maternels dans les hôpitaux algériens révélés par les enquêtes ministérielles.

L'évolution de la mortalité maternelle à travers les différentes enquêtes réalisées en Algérie.

Enquête 85/89	Enquête 1992	Enquête 1999
230/100.000	215/100.000	117/100.000

Source : Manuel des soins obstétricaux et néonatals .Normes et standards à l'usage des formateurs et des prestataires, M.S.P.R.H, Direction population UNFPA/P20, juin 2007.

Jijel[111], lieu de l'étude empirique, est une wilaya de l'Est algérien qui s'étale sur une superficie de 2398 km^2 avec une densité de 222,4 habitants/km2. Sa population estimée à 628 000 habitants (recensement de 1998) est très jeune, composée à 39 % d'individus âgés entre 0-14 ans et à 54 % de 15-59 ans, tous sexes confondus.

Le tableau suivant nous donne une idée du volume d'activité du service d'obstétrique et de gynécologie de la wilaya de Jijel.

Désignation	2001	2003	2005
Naissances vivantes	8.873	9.913	7.546
Mort-nés	214	288	184
Nombre de césariennes	286	536	273
Décès maternels	4	2	3

Source : Bilan d'activité de la direction de la santé et de la population de Jijel 2000-2006

111 Jijel est répartie en 3 secteurs sanitaires (Jijel, Taher, El milia), les structures sanitaires se résument à trois hôpitaux, 7 polycliniques, 21 centres de santé, et 112 salles de soins.

Ce contexte épidémiologique tend à montrer que, malgré la légère amélioration de certains paramètres, la parturiente algérienne a encore des difficultés à mettre au monde un nouveau-né. Rappelons qu'au-delà des statistiques, pour comprendre la parturiente, il est essentiel de saisir sa situation sociale, économique et culturelle. Une approche épidémiologique simplifie inévitablement la réalité des conditions socio-économiques et culturelles très diverses en considérant la parturiente comme un tout homogène.

La perception culturaliste présente des caractéristiques que nous ne pouvons négliger, dans la mesure où elle permet d'intégrer plusieurs variables, tant aux niveaux social, culturel et économique que religieux. L'intérêt porté à la perception culturaliste de la périnatalité tient dans la rencontre de plusieurs types de cultures (scientifique, traditionnelle...) et traduit la nécessité d'agir aujourd'hui pour que la grossesse soit mieux prise en charge par le thérapeute à travers une approche globale.

La perception culturaliste de la parturiente en Algérie

L'Algérie, pays musulman, a hérité de nombreuses pratiques ancestrales et représentations sociales relatives à la grossesse. Aussi semble-t-il indispensable d'avoir à l'esprit certaines de ces données culturelles pour comprendre la parturiente : une grossesse hors mariage ou une interruption volontaire de grossesse sont ainsi considérées comme des pratiques anti-réglementaires et anti-religieuses ; un célibat définitif est quant à lui mal vu ; une femme stérile n'a pas le même statut social qu'une femme féconde ; on privilégiera par ailleurs une descendance nombreuse, considérée comme un symbole de puissance, ainsi qu'un enfant de sexe masculin synonyme d'héritage et de soutien de famille. Ajoutons à cela qu'à chaque stade de la grossesse, correspondent des rites spécifiques porteurs de valeurs culturelles que seules peuvent transmettre les mères et les grands-mères.

L'observation de certaines pratiques traditionnelles au cours des périodes prénatale et post-natale

La discrétion, dès le début de la grossesse, constitue un pré requis indispensable, par crainte des regards jetés par des personnes envieuses susceptibles de causer une fausse couche, voire même un décès maternel ou fœtal.

La période prénatale constitue un moment au cours duquel la parturiente est honorée et collabore avec Dieu par des prières pour que la grossesse arrive à terme et que l'accouchement se fasse sans trop de difficultés. Dans cet univers, l'automédication et les pratiques religieuses sont souvent considérées comme des leviers thérapeutiques efficaces. Pour traiter la stérilité on a ainsi abondamment recours à des préparations à base d'huile d'olive ou de miel et bien entendu à la prière. Le jour de l'accouchement, la parturiente est accompagnée par un membre de la famille. La période de travail d'accouchement est un moment insupportable pour toute parturiente, aussi, après l'accouchement, la parturiente est au repos strict pendant quarante jours, sa tâche principale consistant à s'occuper de son bébé (lavé, massé, nourri et protégé par la lecture des versets coraniques contre le mauvais oeil).

La parturiente est choyée tout au long de la période postnatale, essentiellement afin de favoriser la production de lait. Pour l'aider à reprendre ses forces, la belle-mère lui prépare des repas spécifiques à base de blé, de miel, de lait de vache et d'huile d'olives.

L'observation de certaines pratiques médicales par la parturiente

La pratique médicale recommande le recours à la consultation prénatale au premier trimestre de la grossesse. Elle implique une série d'examens biologiques, cliniques et para-cliniques selon des normes culturelles occidentales, dans un contexte médical qui a eu tendance à se masculiniser.

La période du pré accouchement constitue habituellement une épreuve pénible. Elle peut désormais être vécue sans douleur grâce à la péridurale ou aux traitements qui provoquent les contractions. L'accouchement, associé à l'univers médical et technique, se fait sans support psychoaffectif. Pourtant, le très fort attachement aux aspects culturels de suivi de grossesse ne peut être ignoré, ce qui implique une connaissance de la parturiente et de son univers de sens, comme nous l'a montré notre enquête.

L'approche empirique de la perception culturaliste de la parturiente à la Maternité de Jijel.

Cerner le contexte de la grossesse revient à tenir compte du passé et du présent de la parturiente, de son environnement social, économique et culturel. L'interaction thérapeutique entre parturiente et thérapeute est l'occasion de prendre en considération la dimension culturelle, pour comprendre les attentes et les préférences du suivi de grossesse.

L'enquête portait sur les primipares et les multipares qui ont ainsi pu exprimer leurs attentes et leurs contraintes en matière de suivi de grossesse. Nous avons constaté, lors des différents récits, que certaines femmes, confrontées à de multiples barrières culturelles, ne se livrent pas facilement sur leurs croyances et principes culturels, conscientes du fait que le thérapeute ne les partage pas.

De là, l'intérêt d'aller auprès des parturientes en vue de contribuer à la réflexion dans ce double contexte médical et culturel. Pour limiter notre champ d'étude, nous nous sommes intéressée à la perception du risque par la parturiente. Pour cela, nous nous sommes basée sur une trentaine d'entretiens semi-directifs réalisés à la maternité de Jijel. Les personnes interviewées s'exprimaient librement, à partir d'un guide d'entretien portant sur le vécu de leur grossesse. Leurs caractéristiques socio démographiques variaient notamment selon l'âge, le nombre de grossesses, le niveau d'instruction, le lieu de résidence et les antécédents pathologiques. Nous sommes bien évidemment consciente des limites que présente cette méthodologie, les entretiens semi directifs ne suffisant pas à épuiser la question des représentations sociales et culturelles, malgré la richesse des témoignages. Notre étude a cependant le mérite de mettre en lumière un certain nombre de constructions sociales et de représentations.

La synthèse des entretiens offre une première vision d'ensemble de la perception culturaliste du champ sanitaire de la parturiente. L'interprétation des entretiens met en effet en évidence différentes représentations qui se résument dans les influences sociales, culturelles et religieuses. Des sentiments communs ont ainsi émergé, ils ont trait à la confiance, au désespoir, la crainte, l'inquiétude et la satisfaction. Nous avons retenu trois concepts clefs récurrents dans chaque récit : la pratique culturelle, la pratique médicale et l'incompréhension des limites de la médecine.

La pratique culturelle

Les coutumes, les croyances qui entourent la grossesse diffèrent d'une parturiente à l'autre, chacune ayant une vision héritée d'une histoire personnelle, familiale et culturelle. Il en ressort que l'accès à la médecine moderne peut s'avérer difficile à vivre pour les thérapeutes et les parturientes, car il ne suffit pas de décréter un changement de suivi de grossesse, il faut aussi et surtout l'accompagner. Les variations de pratiques hospitalières de suivi de grossesse, à l'origine d'une modification des besoins des parturientes, sont encore aujourd'hui insuffisamment prises en charge par la maternité. Il est clair qu'elles devront à l'avenir davantage répondre aux attentes des parturientes de plus en plus exigeantes. Il semble toutefois que la réussite de tout changement repose sur la qualité de la représentation qui trouve peut-être son origine dans la prise en compte de la dimension culturelle de la parturiente.

Car de nombreuses parturientes restent encore très attachées à leur culture, on le voit dans la mesure où elles se présentent souvent tardivement à la première consultation prénatale. Une démarche qui peut trouver plusieurs explications : la crainte du mauvais œil, la carence des professionnels de santé, l'ignorance des parturientes ou encore le manque de temps. Par ailleurs, certaines études ont montré *« que les personnes de classes populaires prêtent moins d'attention à leurs symptômes, sont moins bien informées à leur égard (...) se font soigner plus tardivement (...) »* (Carricaburu, Ménoret, 2004).

La pratique médicale

Certaines parturientes sont satisfaites des pratiques médicales, mais pour d'autres la médicalisation de la grossesse s'est imposée progressivement à la maternité, par la gratuité des soins partiels, par les conditions réglementaires pour une déclaration de grossesse et un accouchement dans un milieu assisté.

Le déroulement de l'accouchement à la maternité relève d'une logique purement technique. Or, les parturientes veulent accoucher comme leur mère, avec l'aide un support psychoaffectif, malheureusement elles ne trouvent pas ce climat chaleureux à la maternité, ce qui tend à confirmer les préconisations de certaines études qui mettent l'accent sur le fait que « *l'hôpital ne doit plus être un lieu de science, de savoir et de pouvoir, même s'il s'agit d'un lieu de savoir et du pouvoir guérir, du savoir soulager. Il y a désormais trop de limites évidentes dans ce pouvoir et ce savoir. Il faut partager, ouvrir, échanger. Si l'on veut que l'hôpital soit, outre un espace de guérison, un lieu affectif de vie...* » (Hirsch, 1997).

L'incompréhension de la culture et des limites de la médecine

Certaines parturientes ont du mal à admettre les limites de la médecine, d'autres sont inquiètes du manque d'écoute des thérapeutes. La surcharge de travail de ces derniers augmente la tension et induit des comportements souvent interprétés comme des manifestations de manque d'humanité.

A la lumière de ce qui a été développé, il ressort qu'au-delà de l'approche médicale, la perception culturaliste de la parturiente par le champ sanitaire est encore méconnue des thérapeutes impliqués dans les suivis de grossesse. Cette étude nous a permis de décrire le comportement des parturientes dicté par une culture différente de celle des thérapeutes. Il est important pour ces derniers de connaître les attentes, les croyances, les coutumes, les inquiétudes et les préférences des parturientes. L'étude empirique à la maternité de Jijel fait apparaître plusieurs éléments : la confiance thérapeutique, la confiance aux soins prophétiques, le manque d'écoute, l'incompréhension de la limite médicale et culturelle.

Les résultats de l'enquête ont montré que l'aspect culturel influence la nature des relations qu'entretiennent parturientes et thérapeutes. Il est donc nécessaire de prendre en compte cette dimension dès le début de la grossesse et de réserver une place plus importante à la parole de la parturiente. Seule une prise en charge qui intègre différentes variables telles que la personnalité de la parturiente, son environnement psychologique, ses relations interpersonnelles mais aussi ses croyances, semble favoriser une gestion thérapeutique efficace.

L'ARTISTE ENGAGE AU SERVICE D'UN COSMOPOLITISME ENRACINE : LA MISE EN VISIBILITE DES CULTURES PERIPHERIQUES ET DES MOUVEMENTS SOCIAUX LOCAUX AU SEIN D'UN ESPACE PUBLIC TRANSNATIONAL

GIADAS Marcos

Cet article a pour objectif de donner un aperçu des processus par lesquels des médiations artistiques et politiques quittent leur ancrage territorial local et accèdent à un espace public transnational. Notre propos s'appuie sur l'analyse d'un corpus composé de titres de presse écrite français, espagnols et mexicains ainsi que de dépêches des agences de presses AFP (Agence France presse) et EFE (agence de presse espagnole). Nous avons tâché d'y observer tout particulièrement la fonction de « personne ressource » que peut assumer un artiste dès lors qu'il bénéficie d'une exposition médiatique. Le rayonnement international de ce dernier, sa publicisation orchestrée par les industries culturelles, son accès aisé à la parole médiatique, sont fréquemment utilisés dans le but de faciliter la mise en visibilité des causes qu'il défend au-delà du simple cadre local ou national. Nous allons tenter de comprendre les processus par lesquels se produit la montée en généralité de ces causes souvent très locales mais, qui parviennent à intégrer une sphère de résonance plus large aux côtés d'autres mouvements sociaux au sein d'un espace public qui tend à devenir transnational.

Le festival de cinéma Fisahara

Afin de mieux saisir les différentes dimensions de notre problématique, nous allons partir d'un exemple très récent, tiré de notre corpus, et qui présente l'intérêt de nous emmener à l'Est de l'Algérie, plus précisément dans un camp de réfugiés saharaouis. Entre le 18 et le 21 avril 2008, de nombreux médias espagnols ont couvert un événement qui se veut autant politique que culturel : le Fisahara. Une première dépêche de l'agence EFE (reprise sur le site du quotidien *El Mundo*) nous informe le 18 avril du « début de Fisahara, le seul festival de cinéma à se tenir dans un camp de réfugiés ». Si nous nous penchons sur le contenu de cette dépêche, nous apprenons que « *le camp de Dajla accueille entre jeudi et dimanche la cinquième édition du festival de cinéma « Fisahara 2008 », le seul festival qui se tient dans un camp de refugiés, et qui comptera sur la présence de personnalités du cinéma espagnol, en particulier l'oscarisé Javier Bardem* ». Une autre dépêche datée du 21 avril[112], cette fois, revient quant à -elle sur la cérémonie de clôture du festival. La distribution des prix ne semble pas intéresser outre mesure le journaliste qui préfère insister sur le fait qu'à cette occasion l'ensemble du cinéma espagnol s'est « *engagé à créer sans délai une plate-forme de soutien à la cause saharaoui et à réaliser un long métrage avec la participation des réfugiés* ». Les personnalités du cinéma espagnol présentes sur place ont, nous dit-on, demandé au gouvernement de Madrid de « *reconnaître le statut diplomatique du Front Polisario* », comme l'ont déjà fait près d'une centaine de pays à travers le monde, ou encore des organisations telles que l'Union Africaine. En guise de justification de cette prise de position, la dépêche rapporte notamment des propos de l'acteur Willy Toledo qui affirme que « *les armes vendues par le gouvernement espagnol au Maroc sont utilisées pour torturer le peuple saharaoui* », ce qui ne fait qu'accentuer « *la souffrance des citoyens des territoires occupés qui revendiquent de façon pacifique leurs droits et qui vivent au quotidien dans leur chaire la violente répression marocaine* ». Le journaliste poursuit en signalant que c'est Javier Bardem qui s'est personnellement chargé de lire le manifeste de clôture des cinéastes, soulignant que « *depuis 33 ans plus de deux cent mille personnes jadis espagnoles vivent dans ce désert* », et qu'il est « *urgent que les citoyens espagnols aident à rendre la liberté au peuple saharaoui* ». Le lauréat de l'oscar du meilleur acteur[113] 2008 incarnera par ailleurs, nous dit-on en guise de conclusion, le personnage principal d'un clip de soutien à la cause sarahaoui qui sera présenté prochainement à Madrid et diffusé dans les espaces publicitaires payants des chaînes de télévision nationales espagnoles.

Cet exemple invite à nous interroger sur les interventions des artistes dans l'espace public dans un cadre transnational. Il montre comment une cause aussi locale, portant essentiellement sur un litige d'ordre territorial, peut faire l'objet d'un débat public dans d'autres pays, en l'occurrence ici l'ancien colonisateur espagnol. On peut voir comment la cause ici défendue fait son entrée dans les médias avec la complicité d'acteurs sociaux issus du monde de la culture qui n'hésitent pas à détourner à son profit les logiques médiatiques et le pouvoir de diffusion des industries culturelles. L'utilisation des réseaux de communication, très puissants comme peut l'être une agence de presse internationale, n'est pas quelque chose de nouveau en soi. Ce qui nous intéresse c'est le processus d'échange entre le fait global et le fait local mis au service de minorités ethniques, culturelles, etc., qui semble constituer la condition d'exercice d'une

---

112 Dépêche intitulée « Bardem y Manu Chao con la causa Saharaui » (21 avril 2008, 13h37).

113 Javier Bardem a été récompensé pour son rôle dans « No country for old men » des frères Coen.

citoyenneté mondiale. En somme, le citoyen du monde, ici incarné par l'artiste, agit avant tout localement.

Citoyenneté et crise identitaire dans un monde globalisé

Les questions liées à la citoyenneté, et en particulier les conséquences de la globalisation sur celle-ci, ne peuvent être abordées en faisant l'économie de la question identitaire. Dans son ouvrage *Le pouvoir de l'identité*, Manuel Castells souligne l'existence d'une disjonction systémique entre le local et le mondial qui se traduit pour la plupart des individus et des groupes sociaux par « la séparation entre le pouvoir et l'expérience vécue, situés dans des espaces-temps différents » (Castells, 1997 : 22). Les processus de mondialisation et d'informationnalisation, mis en œuvre par des réseaux où circulent l'argent, la technologie et le pouvoir, seraient à l'origine de transformations profondes. Certes, ils renforcent considérablement nos capacités de production, notre créativité culturelle et nos possibilités de communication, mais en même temps, ils tendent à asservir nos sociétés, si bien que les individus souffrent, dans le monde entier, de perdre prise sur leurs vie, leur environnement, leur emploi, leur économie, ou encore leur gouvernement (Castells, 1997 : 90). Si l'articulation entre le global et le local est rendue difficile à ce point, c'est en partie dû au fait que nous nous trouvons dans une situation où l'espace du pouvoir et de la richesse se projette dans le monde entier tandis que la vie et l'expérience des masses s'enracinent dans les lieux, dans une culture, dans une histoire (Castells, 1996 : 513).

Il en résulte une reconfiguration des rapports de dominance qui présentent inévitablement des conséquences du point de vue identitaire. Ces questions identitaires, longtemps reléguées au second plan dans un pays comme la France, resurgissent aujourd'hui, au prix de nombreuses déconvenues [114], et se présentent comme l'un des défis politiques majeurs des prochaines années.

Manuel Castells définit l'identité comme le résultat d'un processus de construction de sens à partir d'un attribut culturel, ou d'un ensemble cohérent d'attributs culturels, qui reçoit priorité sur toutes les autres sources. Selon cette définition, les identités constituent des sources de sens pour les acteurs eux-mêmes et par eux-mêmes, elles sont construites par personnalisation. Il s'agit donc d'un ensemble d'opérations de transformation de matériaux empruntés à l'histoire, la géographie, la biologie, aux structures de production et reproduction, à la mémoire collective, à partir desquels les individus, les groupes sociaux, les sociétés redéfinissent leur sens en fonction de déterminations sociales et de projets culturels qui s'enracinent dans leur structure sociale et dans leur cadre d'espace-temps. Le sens devient alors ce qu'un acteur identifie symboliquement comme l'objectif de son action (Castells,

[114] Nous pensons en particulier au rejet par referendum du Traité de Constitution Européenne de la France et des Pays Bas.

1997 : 17-18). Cette construction sociale de l'identité, nous allons le voir, se produit toujours dans un contexte marqué par des rapports de force. C'est dans ce cadre qu'émergent d'après Manuel Castells les trois grands types d'identités dans lesquels peuvent se reconnaître les individus : l'identité-légitimante, l'identité-résistance et l'identité-projet.

L'identité légitimante est celle qui intègre les acteurs sociaux au sein d'un ensemble d'organisations et d'institutions qui reproduisent, parfois sur un mode conflictuel, l'identité qui rationalise les sources de la domination structurelle. Elle offre les conditions nécessaires à l'avènement d'une société civile, dont on relèvera la double nature au sens où l'entendait Gramsci, c'est-à-dire une série d'appareils (tels que l'Eglise, les syndicats, les partis, les associations...) qui prolongent certes la dynamique de l'Etat, mais qui s'enracinent aussi profondément dans le peuple. L'identité-résistance est quant à elle produite par des acteurs qui se trouvent dans des positions ou des conditions dévalorisées et/ou stigmatisées par la logique dominante. Pour résister et survivre, ils sont amenés à se barricader sur la base de principes étrangers ou contraires à ceux qui imprègnent les institutions de la société. Ces communautés sont autant d'expression de ce que Manuel Castells appelle l'exclusion des excluants par les exclus, la question que l'on est en droit de se poser devient alors la suivante : dans quelle mesure ces identités exclues-excluantes peuvent communiquer entre elles et participer à un espace public transnational ? Enfin, l'identité-projet apparaît lorsque sur la base du matériau culturel dont ils disposent, les acteurs sociaux construisent une identité nouvelle qui redéfinit leur position dans la société et, par là même, se proposent de transformer l'ensemble de la structure sociale. L'identité-projet construit des sujets qui constituent dès lors un acteur social collectif à travers lequel les individus accèdent à un sens holistique dans leur expérience. Ici la construction d'identité est un projet pour « vivre autrement », dont le fondement peut être au départ une identité opprimée, mais qui aspire à se prolonger en transformation de la société (Castells, 1997 : 18-22).

Les processus de globalisation, qui ont notamment entraîné l'affaiblissement des Etats-nations, ont profondément affecté la façon dont les acteurs construisent leur identité et déterminent le sens de leur action, et par conséquent l'évolution de ces trois identités-types. De nombreux observateurs font remarquer que la quête du sens passe de plus en plus par la reconstruction d'identités défensives autour de principes communautaires. L'alternative principale en matière de construction de sens dans notre société paraît en effet offerte par des communautés à base religieuse, nationale, territoriale. Elle survient comme un ensemble de réactions à des évolutions dominantes auxquelles on résiste au nom de sources de sens autonomes. Ces réactions intègrent au départ des identités défensives, qui fonctionnent d'abord comme refuge et lieu de solidarité, protégeant d'un monde extérieur hostile. Or, de ces communautés *a priori* refermées sur elles-mêmes peuvent émerger des sujets nouveaux, des agents collectifs de transformation sociale qui construiraient un sens neuf autour d'une identité-projet. Etant donnée la crise structurelle de la société civile et de l'Etat-nation, la principale source potentielle du changement social dans la société en réseaux pourrait bien se situer à ce niveau. Si bien que l'on peut penser que l'identité de projet, à supposer qu'elle se développe, s'inscrit dans bien des cas dans la continuité de cette résistance communautaire (Castells, 1997 : 22-23).

Les modalités d'un nouvel engagement citoyen

Les reconfigurations survenues dans les processus de constructions identitaires au sein de nos sociétés ne sont pas sans rapport avec un certain renouvellement des pratiques de citoyenneté et d'une façon générale avec une modification des modes opératoires observés dans l'activisme politique. De récents travaux sur la notion d'engagement font observer un glissement progressif dans la mesure où un certain type d'engagement traditionnel dit affilié cède du terrain par rapport à de nouvelles formes d'engagements dites affranchies (Ion, 2001). On peut penser que cette tendance ne fait qu'accompagner la progression des identités résistance au détriment des identités légitimantes. Dans les nouvelles formes d'engagement citoyen, on assiste en effet à une prise de distance par rapport aux institutions par lesquelles prend corps habituellement la société civile et s'affirme par conséquent l'identité légitimante évoquée plus haut. L'émergence d'un engagement de type affranchi, moins institutionnel, se traduit dès lors par la constitution de collectifs qui ont de plus en plus tendance à accueillir des individus aux engagements éphémères, intermittents, résiliables à tout moment, limités dans le temps comme dans la tâche à accomplir. On peut aussi expliquer le recul de l'engagement de type affilié, que l'on peut interpréter comme une manifestation de la citoyenneté au sein d'associations politiques directement ou indirectement liées aux institutions (partis politiques, syndicats...) en rapprochant ce phénomène à la fin du monde bipolaire qui a caractérisé la seconde moitié du vingtième siècle. L'effondrement de l'empire soviétique a eu pour conséquence, d'une part une accélération des processus de globalisation, en raison de la levée de plusieurs barrières d'ordre géopolitique et idéologique, et d'autre part la relégation à un plan secondaire de la lutte des classes en tant que cause universalisante. Progressivement la priorité a cessé d'être la réduction des inégalités sociales, et on a pu observer comment les luttes sociales se sont orientées vers la reconnaissance de la dignité de la personne[115]. L'injustice combattue n'est plus l'exploitation mais l'exclusion des plus faibles, ceux que l'on présente comme des « sans- » : papier, terre, logement, travail... Il s'agit désormais d'obtenir la reconnaissance publique de ces personnes enfermées

[115] Les années 1960 avaient déjà vu l'émergence des causes de types sex, gender, race, mais les acteurs sociaux porteurs de ces projets de société étaient très souvent affiliés, dans un mouvement de verticalité, à des idéologies où la lutte des classes demeurait la cause prioritaire.

dans leurs statuts stigmatisés, de leur donner l'accès à des droits « publics » dont elles sont privées du fait de leurs « stigmates » (Ion, 2001). Ce nouvel engagement citoyen serait en fin de compte une manifestation du désenchantement à l'égard des institutions de la société civile qui régulent l'activité sociale des démocraties occidentales, et qui manifestent soit du désintérêt soit de l'impuissance à l'égard de questions qui accèdent difficilement au débat public. L'activité associative tend alors à s'affranchir des mécanismes habituels, jugés lents ou inefficaces, sensés déclencher l'intervention politique, elle les contourne en prenant l'initiative d'actions directes, parfois radicales, médiatisées comme nous allons le voir, sensées faire immédiatement pression sur les pouvoirs publics en utilisant l'opinion publique comme levier.

Tim Jordan a étudié ce nouvel activisme dont il souligne le caractère désorganisé et le recul du formalisme (Jordan, 2002). Les nouveaux modes opératoires de l'action collective s'appuient de plus en plus sur des groupes d'affinité qui peuvent se constituer à partir de réseaux préexistants (professionnels par exemple). On privilégie des actions directes souvent spectaculaires dont l'efficacité dépend de l'investissement ponctuel et partiel d'un réseau de personnes-ressources. Plus encore que ses prédécesseurs, cet activisme sait profiter de la dépendance croissante de la sphère politique vis-à-vis de la sphère médiatique (Champagne, 1994) afin d'obtenir un effet immédiat. Dans le cas des identités-résistances, notamment en ce qui concerne les revendications à caractères ethniques, nationalistes ou territoriaux, la sensibilisation de l'opinion publique internationale avant tout passe par un processus de montée en généralité c'est-à-dire l'affirmation de la dimension civique de la cause défendue. Celle-ci doit pour cela basculer dans un combat universel où les particularismes disparaissent au profit de la nécessité de réparer une injustice dont le public, mais aussi les décideurs, deviennent des *spectateurs* qui dès lors ne peuvent plus demeurer désengagés. Dès lors, puisque les nouveaux processus de domination contre lesquels on réagit passent par des flux d'information, il semblerait nécessaire, pour construire son autonomie, de s'appuyer sur des flux d'information inversés (Castells, 1997 : 87). Dit autrement, il s'agit de prendre acte des récentes évolutions des techniques de l'information et de la communication et de s'inscrire dans une logique d'événementialisation si l'on veut avoir une chance d'exercer une influence dans la construction de l'opinion publique. Une cause sera d'autant mieux défendue qu'elle bénéficiera d'une large publicisation et d'une mise en scène médiatique de préférence sous une forme spectaculaire, nous l'avons vérifié avec le mouvement zapatiste et le très charismatique sous-commandant Marcos. Comme nous le rappelle Luc Boltanski, l'espace public n'est pas seulement le lieu d'un débat raisonnable sur les questions qui importent. « Ce n'est pas donc uniquement autour d'objets prêtant à délibération que s'opère aujourd'hui la constitution de l'espace public, mais autour de causes. Or rien n'est plus favorable à la formation des causes que le spectacle de la souffrance » (Boltanski, 2007 : 69). On peut par conséquent raisonnablement penser que les artistes n'ont pas leur pareil pour mettre en scène un spectacle devant un public qu'ils sont chargés d'émouvoir, après tout c'est là leur métier d'origine.

Les dynamiques de publicisation ou le détournement des industries culturelles

Nous entrons là dans la question de la participation des personnalités du monde de la culture à la construction des problèmes publics[116] qui viennent alimenter le débat public. Plusieurs travaux, à commencer par ceux d'Habermas (Habermas, 1978), nous montrent dans quelle mesure la sphère esthétique occupe une place privilégiée dans cet espace public, qui se veut à la fois espace de délibération et espace d'apparition, cette dernière approche, essentiellement phénoménologique, invitant à observer l'espace public sous ses dimensions esthétique et émotionnelle. L'engagement politique d'un artiste peut prendre plusieurs formes. Il peut se manifester dans ses créations, ses performances, mais aussi à travers des interventions citoyennes : activité pétitionnaire, participation à des comités de soutien, prise de parole dans les médias, etc., soit autant d'actes publics qui rappellent dans quelle mesure la sphère esthétique en prise directe avec le monde vécu tente d'élargir l'horizon des possibles d'un espace public menacé d'asphyxie sous l'emprise rationaliste du système.

L'engagement des intellectuels et des artistes a été étudié par de nombreux auteurs (Heinich, 2005 ; Rieffel, 1989 ;) qui se sont attachés à en étudier les évolutions, et à souligner les reconfigurations internes aux mondes de la culture, mais aussi les reconfigurations des rapports entre ces mondes de la culture et les autres mondes sociaux.

Nous appuyant sur ces avancées, nous nous sommes intéressé aux logiques réticulaires qui façonnent l'engagement des artistes, mais aussi aux modes opératoires empruntés. Nous avons ainsi pu observer comment à partir des groupes d'affinité constitués à l'intérieur du monde de l'art, des réseaux de coopération professionnelle des artistes (Becker, 1999) peuvent se dédoubler et servir de vivier en cas de mobilisation sociale et entraîner la superposition voire la confusion de l'activisme politique et des activités artistiques. C'est ainsi que certaines performances artistiques se voient adossées à un activisme politique afin d'introduire de l'émotion dans l'espace public, susciter indignation et espoir, combiner esthétique et éthique. Nous avons là une première définition d'un néologisme récemment introduit par les médias : l'artivisme. Conformément à ce que nous disions au sujet de l'engagement citoyen de type

---

[116] « *Naming, blaming, claiming* », le litige vécu comme une offense

(Felstiner, Abel & Sarat, 1991).

« Transformation d'un fait social quelconque en enjeu de débat public et/ou intervention étatique. Il est constitué par l'action volontariste de divers opérateurs (presse, mouvements sociaux, partis, lobbies, intellectuels…) en tant que situation problématique devant être mise en débat et recevoir des réponses en termes d'action publique (budgets publics, réglementation…) » (Neveu, 1992).

affranchi, des réseaux d'artivistes sont à l'origine des plate-formes citoyennes, des comités de soutien la plupart du temps créés ponctuellement dans le but d'exercer une pression médiatique sur les pouvoirs publics. Ces collectifs disposent d'un capital social très important qui facilite l'activation des processus de montée en généralité.

Les artistes de par leur activité entretiennent des rapports particuliers avec la chose publique, on peut les considérer à certains égards comme des professionnels de la publicisation. Le succès leur permet d'intégrer ce qu'Olivier Donnat décrit comme une économie médiatico-publicitaire (Donnat, 1994). En accédant au rang de notables[117] médiatiques, ils peuvent alors offrir une façade médiatique à un mouvement social, et ainsi apporter une valeur ajoutée supplémentaire à l'événement que souhaite promouvoir un groupe socio-discursif. Le processus est d'autant plus aisé que l'essor des industries culturelles à la fin du vingtième siècle, leur dimension transnationale, mais aussi le caractère hybride des médias qui proposent à la fois information et divertissement, ont entraîné une reconfiguration des mondes de la culture et transformé le rôle social de l'artiste.

Nous le voyons clairement à travers l'exemple de ce collectif de personnalités du cinéma espagnol, l'engagement citoyen, en tant qu'acte à la fois individuel et collectif, implique que des acteurs mobilisent d'autres acteurs pour qu'ils coopèrent avec une cible ou pour qu'ils s'y opposent. Qu'elle se fasse de façon explicite ou implicite, la mobilisation consiste toujours à activer des relations d'un réseau latent, pour qu'elles concourent à du contrôle coopératif ou conflictuel ; elle peut impliquer des acteurs appartenant à plus d'une organisation ou à plus d'une collectivité (Lemieux, 1999). Ce dernier point est important, il nous conduit à tenir compte de la dimension plurielle du nouvel engagement citoyen, et surtout à étudier les processus de mobilisation à travers la théorie des liens faibles développée par Mark Granovetter (Granovetter, 1973). Ces liens faibles apparaissent comme des instruments indispensables aux individus pour saisir certaines opportunités qui s'offrent à eux, ainsi que pour leur intégration au sein de la communauté, quand les liens forts font courir le risque d'engendrer de la fragmentation sociale. Ils permettent aux acteurs de solliciter des ressources auprès d'autres acteurs avec lesquels ils ne sont pas habituellement en relation. La puissance d'un collectif va ainsi varier en fonction des ressources et du capital social mobilisable à travers les personnes engagées dans le réseau. Certaines personnalités publiques constituent, nous le voyons avec l'acteur Javier Bardem, des personnes-ressources très précieuses en raison de leur capital social et surtout de leur capital médiatique. Mais cette démarche n'est rendue possible qu'à partir du

---

117 On peut définir le *notable* comme une personne qui occupe une situation sociale importante, qui possède autorité et rayonnement, qui manifeste un ensemble de capacités, et qui se singularise. La fonction essentielle du notable médiatique est quant-à-elle d'ordre anaphorique : on se réfère à une information donnée depuis longtemps par le contexte, le nom propre renvoie à une personne déjà connue et pour laquelle toutes les définitions sont considérées comme acquises.

moment où des réseaux interpersonnels permettent une ouverture sur le monde du groupe social exclu.

Les conditions de la construction d'une citoyenneté mondiale se trouvent bien dans les réseaux faibles qui rendent possible l'intégration des groupes minorisés et menacés d'isolement, au sein d'une sphère de résonance plus large. D'une part, ils diminuent les risques de voir ces groupes, souvent invisibles dans l'espace public, devenir des communautés exclues-excluantes ; d'autre part ils confèrent un caractère universalisant à la cause défendue, qui devient dès lors une cause avant tout d'ordre civique et non communautariste, permettant ainsi le passage d'une identité-résistance à une identité-projet.

DIVERSITE CULTURELLE ET GLOBALISATION : ENJEUX ET RETOMBEES EN AFRIQUE SUBSAHARIENNE. L'EXEMPLE MALIEN

CISSOUMA TOGOLA Diama

et OUALLET Anne

Les dynamiques de participation à la globalisation peuvent être observées à partir de l'analyse des politiques et initiatives culturelles liées aux mouvements d'internationalisation de la planète. Prendre appui sur l'expérience malienne est particulièrement enrichissant dans la mesure où ce pays de l'Afrique subsaharienne aux richesses historiques et culturelles avérées s'est engagé à participer à la préservation, l'affirmation et la promotion de la diversité culturelle. Au Mali, comme ailleurs sur la planète, les nouvelles opportunités véhiculées par l'internationalisation sont appropriées. Les technologies de l'information, les nouvelles politiques mises en place et les initiatives locales participent aux recompositions en cours.

Notre travail s'appuie sur l'observation des politiques et des réalités locales, à travers des documents officiels, des différentes entreprises de valorisation culturelle réalisées grâce aux diverses technologies de la communication et de l'information, mais aussi à partir d'un travail de terrain dans lequel observations géographiques et entretiens des acteurs impliqués prennent une part importante.

Politiques de promotion de la diversité

Le Mali est un vaste pays de 1 240 000 km^2, d'une grande diversité culturelle. Les régions qui le composent sont très différentes tant par leurs modes de vie que par leurs formes d'expressions artistiques et culturelles. Cette diversité a été utilisée comme facteur de rencontre et de cohésion sociale.

Aux niveaux national et local, des structures ont été mises en place pour valoriser les richesses culturelles et vivifier les arts par un certain nombre de manifestations. La faiblesse des moyens disponibles a fait que les productions sont restées modestes. Le nouveau contexte international et les nécessités de tirer de nouvelles ressources du local ont relancé discours et actions autour de la culture, célébrée dans toute sa diversité et comme bien économique. L'engagement du Mali se lit aussi par son implication officielle dans des conventions internationales et par la valorisation des initiatives locales dans le cadre de la décentralisation.

Politiques patrimoniales au Mali

Les politiques maliennes de la culture et du tourisme s'appuient sur la valorisation de la diversité. Elles travaillent à classifier et à mettre en valeur les richesses naturelles et culturelles. Le difficile travail d'inventaire permet de mieux repérer les éléments représentatifs de la richesse culturelle, puis de penser des programmes de protection, de valorisation et de gestion de ces richesses. Les éléments sélectionnés sont autant de témoins indispensables à la préservation d'un héritage culturel pluriel, mais aussi d'éventuelles ressources pour les territoires[118]. C'est ainsi que les politiques de promotion de la diversité se sont concrétisées à travers plusieurs classements au patrimoine national ainsi qu'au patrimoine mondial de l'Humanité. Elles se caractérisent aussi par l'appui à différentes manifestations culturelles.

Cinq sites ont été repérés comme essentiels et classés au patrimoine national : le fort de Médine, le site de Es-Souk Tadmekka, la mosquée Komoguel à Mopti, la case sacrée de Kangaba (le Kaba Bulon) et les vestiges de la cité historique d'Hamdallahi.

- Le fort de Médine situé à 12 Km de Kayes a été construit par Faidherbe alors gouverneur du Sénégal sur un terrain qui a été cédé par Hawa Demba Diallo à la tête du petit royaume du Khasso. Il s'agit d'un impressionnant ouvrage militaire comprenant :

Un bâtiment à deux niveaux et des structures annexes (dont la poudrière, une prison et l'école des otages), tous entourés d'un imposant rempart. A tout cela il faut ajouter le guet, le cimetière militaire, le cimetière royal, les ruines d'une petite mosquée en pierre et le marigot qui a été surcreusé pour augmenter les obstacles d'accès à Médine.

- Es-Souk Tadmekka, également site classé au patrimoine national, est doté d'une mission culturelle. Es Souk Tadmekka désigne les ruines de la ville du même nom. Elles sont situées à 60 km de Kidal (au Nord Est du Mali). Souk signifie « marché » en arabe. Quant au mot Tadmekka, il signifie en Kel Tamasheq « c'est ici La Mecque ». Le site s'intègre au massif granitique de l'Adrar des Ifoghas et s'étend sur 1000 km de long et 600 km de large. Il est parsemé de peintures rupestres. Les parties les plus importantes du site se trouvent sur une île formée par deux bras de l'oued. Sur cette île, les décombres révèlent des plans de maisons et de plusieurs mosquées frappant par leur caractère ordonné. Aux alentours du site s'étendent d'importantes nécropoles

118 Cissouma Diama, Ouallet Anne, 2007.

dont plusieurs tombes marquées par des stèles frappées d'épigraphes en caractères arabes. Sur les éperons rocheux, il existe de nombreuses gravures rupestres et des inscriptions en Tifinar. Le site avait déjà été inscrit en 1954 à l'inventaire des monuments naturels et des sites relevant de la France d'Outre-mer par l'arrêté n° 4179. Depuis 1999, il figure aussi sur la liste indicative des biens maliens susceptibles d'être inscrits sur la liste du Patrimoine mondial

- La mosquée Komoguel à Mopti (centre du Mali) a elle aussi, été retenue. C'est un ouvrage en terre crue, construit entre 1933 et 1935, et réalisé dans le même style soudanien que son aînée de Djenné. Elle a été restaurée entre 2004 et 2006 à l'instigation de l'*Aga Khan trust for culture* dans le cadre du projet de réhabilitation de l'architecture traditionnelle au Mali. La mosquée de Komoguel a été inscrite à l'inventaire par la décision N° 1593/MC-SG du 14 octobre 2004 portant inscription de biens culturels à l'inventaire et classée au patrimoine national en 2005.

- Le Kaba Bulon, case sacrée de Kangaba se trouve, lui, dans la ville historique de Kaaba plus connue sous le nom de Kanganba (sud du Mali). Son vestibule est monumental par sa hauteur de 5 m. C'est un sanctuaire en terre cuite de forme ronde et couverte d'un toit de chaume dont la réfection se fait tous les sept ans. Cette réfection donne lieu à des manifestations des ressortissants du Mandé. C'est l'occasion pour les griots du Mandé d'évoquer avec solennité l'histoire de Kaaba et, partant, celle de l'empire du Mali. La population considère que le Kaba Bulon est éternel. Il est en effet l'un des rares monuments qui a réussi à cristalliser pendant des siècles plusieurs aspects de la culture du peuple mandé. Selon la tradition orale, le monument aurait été construit en 1653. Le Kaba Bulon, case sacrée du Mandé, a été inscrit à l'inventaire du patrimoine national par décision N° 0444/MC-SG du 07 mai 2001 portant inscription de biens culturels à l'inventaire et est classé au patrimoine national du Mali par décret N° 05-547 du 20 décembre 2005.

- La cité historique d'Hamdallahi, non loin de l'actuelle Mopti, est la cité fondée par Sékou Ahmadou qui en fait la capitale de l'Empire peuhl du Macina entre 1819 et 1821. Hamdallahi est une formule tirée de l'Islam qui veut dire « louange à Dieu ». La ville est ensuite occupée par El Hadj Omar Tall en 1862, puis abandonnée par ce dernier suite à un incendie lors de la bataille entre les Toucouleurs et la coalition Kounta – Peuhl en 1864. L'abandon de la cité historique a scellé la fin de l'Empire peuhl du Macina. Malgré son abandon depuis plus de 100 ans, les populations peuhl, Kounta, Toucouleur, Sorko, Bozo et Bambara se retrouvent régulièrement sur le site pour se recueillir et faire des prêches. Le site comprend la muraille en pierre sèche qui abrite, d'une part, le mausolée de Sékou Ahmadou, mais aussi ceux de ses descendants, certains de ses combattants et de quelques amis de toutes les communautés du Delta intérieur du Niger, d'autre part, l'emplacement du *Baatu maudô* (grand conseil formé de 40 marabouts) ainsi que la nouvelle mosquée bâtie sur le site de la mosquée historique de Sékou Ahmadou. En 2001, le site de la ville historique a été inscrit à l'inventaire par décision N° 0444/MC du 07 mai 2001 portant inscription de biens culturels à l'inventaire. Le conseil des ministres du 25 juillet 2007 a adopté le projet de classement de la cité historique dans le patrimoine national du Mali.

Le Mali dispose, par ailleurs, de quatre biens classés au patrimoine mondial de l'Humanité par l'Unesco. Les villes anciennes de Djenné ont été classées en 1988. Elles comprennent la ville actuelle de Djenné et les vestiges archéologiques de Djenné Djéno datant de 250 avant J.C. Ancienne ville commerciale et centre d'études coraniques, Djenné se situe à la confluence entre le Bani et le fleuve Niger.

- La ville ancienne de Tombouctou, fondée au XIIème siècle, est inscrite au patrimoine mondial de l'Unesco depuis 1988 à travers ses trois principales mosquées : Djingareyber, Sankoré et Sidy Yayia.

- Les falaises de Bandiagara au Pays Dogon est un bien mixte naturel et culturel. Le site a été inscrit au Patrimoine mondial de l'Unesco en 1989. Il regroupe environ 300 villages contenant des maisons en terre, des autels, des sanctuaires et togouna (lieux de rencontre communautaire). Plusieurs cérémonies rituelles y sont encore célébrées aujourd'hui.

- Enfin, le tombeau des Askia, situé dans la ville de Gao, a été inscrit au Patrimoine mondial de l'Unesco en 2004. Le bien reflète la tradition de construction locale intégrée aux influences de l'Afrique du Nord. Il a été construit en 1495 par Askia Mouhamed de retour de son pèlerinage à La Mecque.

Le cas de l'existence ancienne de manifestations culturelles telles que la réalisation d'événements culturels fédérateurs et intégratifs (Semaines de la jeunesse devenues plus tard Biennale Artistique et Culturelle du Mali) mérite aussi attention. Si les Semaines de la jeunesse ont vu les jeunes des différentes régions se déplacer de leur localité vers la capitale, les biennales, elles, sont tournantes (2001 Bamako, 2003 Sikasso, 2005 Ségou, 2008 Kayes). La biennale de Kayes a été reportée de 2007 à 2008 à cause des élections. Les biennales se tiennent généralement pendant les vacances pour permettre aux scolaires d'en profiter comme acteurs et spectateurs. Tout comme les semaines de la jeunesse, elles ont pour objectifs de permettre au Mali de revisiter ses cultures locales pour assurer leur pérennité et leur développement. L'idée avait été lancée dès 1962, deux ans après l'accession du Mali à la souveraineté nationale. Plus récemment, le développement du phénomène des festivals permet, lui aussi, de promouvoir la diversité culturelle malienne.

Les grandes structures et les principales orientations

L'Unesco suit les classements au patrimoine mondial et le Mali à travers des structures tout à fait originales, les Missions culturelles, montre son intérêt pour le suivi de ces classements. Ainsi, des Missions culturelles ont été installées dans trois des quatre sites maliens du patrimoine mondial de l'Humanité :

Djenné, Tombouctou et Bandiagara. Elles ont été créées suite à la signature de la convention de l'Unesco en 1993. L'objectif qui leur a été assigné était de mettre en place un système de protection et de promotion des sites avec une forte implication de la population locale. Deux bureaux ont été mis en place dans les missions :

- un bureau chargé de la recherche et de la conservation dont le but est d'approfondir les connaissances sur le site, de faire l'inventaire du patrimoine, de procéder aux recherches archéologiques, de faire la collecte des biens culturels, de rechercher les voies et moyens pour une rentabilité économique des sites ;

- un bureau chargé de la sensibilisation et de la promotion du site par la création d'outils et de supports promotionnels par la mise en place de cadres de concertation qui permettent de sensibiliser les populations à leurs patrimoines.

Les actions menées sont adaptées au site concerné.

Pour Djenné, il s'agit essentiellement de la restauration d'une centaine de maisons avec l'appui d'un partenaire hollandais. Au cœur des actions se trouve donc l'embellissement de la ville. L'autre grand axe est la préservation et l'aménagement de sites archéologiques de façon à rendre ces derniers plus visibles. L'organisation de missions de sensibilisation dans le Delta intérieur du Niger et la mise en place de cellules de sauvegarde du patrimoine composées exclusivement d'habitants avoisinant le site participe à cette volonté. La mise en valeur de ces différents éléments se fait également à travers la création d'un musée de site. Pour Bandiagara, les actions portent sur la réhabilitation de villages dogons abandonnés, la mise en place de comités de sauvegarde du patrimoine, l'inventaire des sites à intérêts patrimonial et touristique et le développement de projets d'éco-tourisme. Pour Tombouctou, le cœur de l'action engagée par la Mission culturelle a été la restauration des trois principales mosquées, la réalisation d'outils d'informations mis à la disposition des visiteurs : confection de plaquettes, de cartes postales, de guides et plan de la ville. Gao ne possède pas de Mission culturelle et les actions en cours qui sont des missions archéologiques de recherche sur le site présumé de la mosquée de Kankou Moussa sont directement suivies par la Direction nationale de l'action culturelle (D.N.A.C.) et la Direction nationale du patrimoine (D.N.P.).

Ces deux structures, la D.N.P. et la D.N.A.C mettent en œuvre les politiques patrimoniales et culturelles. La D.N.P. suit les missions culturelles et a engagé d'importants chantiers archéologiques et de préservation du patrimoine. La D.N.A.C. a pour mission l'élaboration et la mise en œuvre de la politique nationale dans le domaine de la culture. Elle a également pour vocation de favoriser les échanges culturels internationaux. A ce titre, elle se doit d'assurer à la fois le rayonnement de la culture malienne à l'étranger et le renforcement des capacités des responsables des associations et GIE culturels afin de rendre plus dynamique le mouvement associatif dans le domaine de la culture. Ses objectifs s'articulent autour des points suivants :

- valoriser l'héritage culturel national ;
- promouvoir une culture ancrée dans les valeurs de la société malienne et de la civilisation universelle ;
- développer la production nationale en matière d'œuvres artistiques et culturelles.

Pour atteindre ces objectifs, quatre programmes ont été définis :

- l'administration générale ;

- la protection et la promotion de l'héritage culturel ;

- la promotion de l'industrie cinématographique ;

- la promotion de la création artistique et des valeurs culturelles.

Tous ces programmes ont pour ambition de promouvoir la diversité culturelle tant célébrée[119]. Si les déclarations d'intention sont bien au rendez-vous, les moyens restent limités et pour mieux engager les processus d'appui à la diversité culturelle et de développement du secteur économique lié à l'industrie culturelle, l'Etat a mis en place le Projet de soutien aux initiatives culturelles (PSIC), soutenu par l'Union européenne. C'est un gros projet spécialement affecté à la promotion du développement culturel. Il inscrit son action dans le cadre de la dynamique de développement économique et social annoncée. Ce programme d'une durée de quatre ans qui a été lancé en juillet 2005 « s'appuie sur la promotion de la richesse et de la diversité culturelle et artistique aux plans national et international »[120]. Les secteurs aidés sont ceux de la musique, du théâtre, des arts plastiques, de l'édition, de l'artisanat d'art, du cinéma et surtout les festivals qui captent le plus de financements. Le renforcement des capacités à travers l'organisation de sessions de formation est un volet important du soutien accordé par le PSIC. Il est financé sur les ressources du 9ème Fonds européen pour le développement (FED) dont la part allouée à la culture s'élevait à cinq millions d'euros et va monter en puissance avec un 10ème FED doté de quinze millions d'euros pour la seule culture (soit trois milliards de F CFA). L'intérêt pour le développement de l'industrie culturelle est clairement signifié à travers ces chiffres.

Dans les trois premières années du programme, 310 projets ont été déposés au Mali, suite à quatre appels à proposition du PSIC et 59 projets ont été financés pour une valeur totale d'environ 800 millions de F CFA. On observe

---

119 Unesco, 2003.

120 Plaquette de présentation du PSIC, 2007.

donc très nettement une montée en puissance du secteur culturel au Mali ces dernières années, développement qui va de pair avec des engagements sur la scène internationale.

Engagements internationaux

Le Mali est un des huit pays appartenant à l'Organisation internationale de la Francophonie (OIF) à avoir ratifié la Convention sur la protection et la promotion des expressions de la diversité culturelle, adoptée par l'Unesco le 20 octobre 2005.

Le gouvernement malien exprime ici, à travers son Ministère de la Culture, combien il souhaite œuvrer à la préservation de cultures traditionnelles très variées et vivaces qui ont été un des piliers de la cohésion sociale du pays et qui de plus en plus sont considérées comme un des potentiels de développement économique. A l'heure où une certaine standardisation se fait sentir (Barthélémy, 2007), les références culturelles issues d'une histoire longue et riche apparaissent aussi comme un rempart à la déstructuration des institutions sociales, déstructuration qui a déjà sapé les bases de certains pays africains. Le Mali assurait dès la Conférence de Cotonou en juin 2001 sa volonté d'engager le combat aux côtés d'autres pays africains pour la défense de la diversité culturelle. Il y affirmait alors l'importance d'un traitement spécifique pour les biens et services culturels, dans la mesure où ces derniers apparaissaient comme porteurs de l'identité, de la richesse et de la cohésion des sociétés, mais aussi de potentialités économiques. L'affichage de la spécificité culturelle accompagne de fait la mondialisation. Le couple culture-économie soutenait déjà la première vague de mondialisation liée à l'expansion de l'Islam. La valorisation de la culture et plus précisément des spécificités culturelles s'est amplifiée avec la mondialisation libérale contemporaine qui recommande de faire de ces éléments un bien marchand.

La capacité à valoriser la diversité (Arizpe, 2000) est aussi comprise comme une manière d'exister sur la scène mondiale. Elle s'y traduit d'ailleurs de plus en plus fréquemment par des démonstrations culturelles et/ou identitaires. Si la promotion de la diversité culturelle se fait actuellement à travers la mise en place de politiques, elle est également portée par le dynamisme d'acteurs individuels qui diffusent les identités culturelles. A travers l'histoire, la renommée du Mali a été portée par différents chroniqueurs qui ont surtout véhiculé la gloire des grands empires, qu'ils soient chroniqueurs arabes ou griots. Agents de communication efficaces, ils ont imposé une notoriété au Mali, en contant l'extraordinaire épopée du Mandé ou encore le pèlerinage à La Mecque de l'Empereur Kankou Moussa. La globalisation actuelle est davantage diffusée sur le plan international par des vedettes de la chanson tels que Salif Keita, Oumou Sangaré, Ali Farka Touré, Ahmadou et Maryam ou chez les jeunes générations par Rokia Traoré ou encore Diaw Kouyaté. La *World music* contribue à mieux faire connaître le Mali sur la scène mondiale, mais le Mali se construit aussi sur des héritages beaucoup plus divers, ancrés au cœur des territoires et sur lesquels il convient de compter à l'ère de la valorisation du local.

Traductions locales

Le Mali confirme, avec ses nouveaux engagements, le rôle de la culture comme acteur du développement local. La diversité des initiatives, notamment l'essor spectaculaire des associations et des festivals amène des retombées inégales.

Diversité des initiatives et recherche de bailleurs

L'effervescence de projets est réelle et correspond au foisonnement d'associations lié à la décentralisation. Les initiatives culturelles décentralisées ont vocation à être soutenues. C'est ainsi que le PSIC, composante du PAVIA (Programme d'appui à la valorisation des initiatives artistiques), issu d'une collaboration entre le Mali et l'Union européenne, a pour objectif d'aider les acteurs culturels privés en leur procurant les financements indispensables à la réalisation de leurs initiatives. Une petite partie de ce foisonnement de projets qui émergent dans le cadre de la décentralisation profite donc d'un soutien financier. Le premier appel à projets du PSIC a débouché sur un financement d'environ 86 millions de F CFA alloués à cinq projets sur les 46 présentés ; le deuxième a permis le financement de treize projets sur un total de 38 présentés (presque 136 millions de F CFA). Suite au troisième appel, vingt projets (sur 79) ont été sélectionnés pour plus de 298 millions de F CFA. Le tout dernier appel a également retenu une vingtaine de projets soutenus par un montant global de subventions d'environ 223 millions de F CFA.

Beaucoup de projets cherchent d'autres bailleurs (entreprises privées, mécènes, coopération décentralisée, ...) et dans le cadre d'une globalisation accélérée ils se tournent vers les bailleurs internationaux et les entreprises d'une scène internationale dominée par les capitaux du nord.

Boom associatif et prolifération des festivals

La décentralisation territoriale et l'avènement de la démocratie ont constitué des facteurs de mobilisation de la société civile comme en témoigne la prolifération de Groupements d'intérêt économiques (GIE) et le boom associatif autour d'actions de développement en général et de développement culturel en particulier. La Direction nationale de l'action culturelle (D.N.A.C.) a recensé plus de 300 associations et GIE culturels qui ont développé des programmes d'activités touchant tous les domaines de la culture : concerts, animation d'espaces culturels, création de troupes théâtrales et de groupes musicaux mais aussi et surtout organisation de nombreux festivals, dix d'entre eux se tenant régulièrement. Ils figurent dans le tableau ci-dessous :

N° d'ordre	Titre du festival	Région	Date/période
01	Triangle du Balafond	Sikasso	1-5 novembre 2008
02	Théatre des réalités	Bamako	1-7décembre2008
03	Biennale Artistique et culturelle	Kayes	20- 30 décembre 2008
04	Festival au désert	Tombouctou	9-11 janvier 2009
05	Festival sur le Niger	Ségou	1-3 février 2009
O6	Festival Diamwari	Mopti	Fin février 2009
07	Festival de l'eau	Kayes	Début Mars 2009
08	Festival Tamadacht (amdéraboucane)	Gao	Fin Janvier 2009
09	Festival d'Essouk	Kidal	mi- Février 2009
10	Festival Séko Donko	Koulikoro	Mars 2009

Le « Festival du désert » et le « Festival sur le Niger » sont ceux dont la réussite est la plus probante. Ce sont les plus médiatisés mais aussi les plus fréquentés par une clientèle internationale. La rencontre de la mise en valeur des identités locales et de la scène mondiale est ici réussie. Le « Festival du désert », créé en 2001, attire certainement par le cadre désertique dans lequel il se déroule (à Essakane, ancienne oasis située à 65 km au nord-ouest de Tombouctou), mais également par le renom des artistes qui s'y produisent. A côté d'une programmation internationale, il veille aussi à valoriser les festivités traditionnelles locales : courses de dromadaires, danses touarègues, contes et poésies »[121]. Ce festival porte, en outre, une symbolique particulière dans une région parfois secouée par l'irrédentisme. Il est présenté par l'Office malien du tourisme et de l'hôtellerie (OMATHO) à la fois comme le « lieu de rencontre entre les différentes tribus du désert pour aplanir les litiges et fêter les retrouvailles entre frères que le désert implacable éloigne souvent les uns des

[121] http : //www.officetourisme-mali.com/, consulté le 08 avril 2008.

autres [...et le lieu de rencontre] d'artistes venus du monde entier »[122]. Ce caractère emblématique a fait que sa tenue annuelle est devenue hautement symbolique de la capacité du Mali à préserver paix et concorde dans un septentrion malien traumatisé par des tentatives répétées de déstabilisation. Au début de l'année 2010, le maintien coûte que coûte des festivités, dans un contexte très tendu de heurts avec l'armée malienne et de prise d'otages occidentaux par des groupuscules se présentant comme liés à Al qaïda, a révélé la puissance des enjeux autour d'un tel événement. Le festival s'est tenu malgré l'insécurité et le retrait de bailleurs de fonds occidentaux, mais il a été rapproché à deux kilomètres de Tombouctou, la capitale régionale. Plus au Sud, dans un tout autre contexte géographique et géopolitique, le « Festival sur le Niger » qui en est, lui, à sa 4ème édition se déroule dans le Mali « serein », non perturbé par les secousses de l'islamisme radical globalisant. Il se tient sur les bords du fleuve Niger, à Ségou, « la cité des 444 pieds de balanzans (Acacia Albida) plus un petit balanzan bossu mystérieux »[123], capitale de l'ancien royaume Bambara fondé en 1852. Ce festival, porté par l'Association des hôteliers et restaurateurs pour le tourisme à Ségou (AHRTS), rencontre un succès certain, lié en grande partie à la mobilisation de ses initiateurs et à une très bonne médiatisation. Là aussi, la diversité culturelle est doublement célébrée, d'une part à travers l'histoire de Ségou et du Djoliba (littéralement le « grand fleuve »), d'autre part à travers la mise en place du festival lui-même qui « rassemble ségoviens, maliens et étrangers du monde entier autour d'une même idée : la découverte de l'autre et l'apprentissage des différences »[124]. C'est indéniablement la célébration de la diversité, à travers ses sources locales, mais aussi à travers le fait que l'on afflue de différents continents vers cette ville du centre du Mali qui entretient l'esprit d'ouverture de ces quatre journées festives qui s'imposent sur la scène malienne des festivals. La promotion du « Festival sur le Niger » se fait également autour de la symbolique d'un fleuve, « espace de rencontre des peuples qu'il arrose, [...] appel à l'autre, ciment qui lie et consolide les rapports de fraternité et d'échanges »[125]. Au-delà de ces portées symboliques autour du maintien de la cohésion sociale malienne et des échanges internationaux, les festivals et les biennales sont également attendus comme instruments de développement local. Les résultats ne semblent pas, à ce niveau, à la hauteur des espérances.

Des retombées mitigées

Les retombées effectives sur les territoires sont difficiles à chiffrer, mais certains éléments permettent de montrer que des répercussions existent sur les plans politique, social et économique ainsi qu'en termes d'équipements.

---

122 http : //www.officetourisme-mali.com/, consulté le 08 avril 2008.

123 http : //www.officetourisme-mali.com/, consulté le 08 avril 2008.

124 http : //www.officetourisme-mali.com/, consulté le 08 avril 2008.

125 http : //www.officetourisme-mali.com/, consulté le 08 avril 2008.

La mise en place de programmes spéciaux tels que le PSIC, le PAVIA permet de souligner l'appui et l'engagement du Mali pour promouvoir la culture comme secteur économique. Un certain nombre de retombées ont été concrétisées à travers la réalisation d'équipements nouveaux comme la dotation du Conservatoire des arts et métiers multimédias (CAMM) en équipements multimédias et la réalisation de trois studios équipés. C'est aussi l'équipement du Palais de la culture en matériel son et lumière qu'il faut citer. Quelques secteurs clés ont été favorisés à travers des engagements particuliers : préservation de sites culturels, soutien à la protection du patrimoine culturel sur un programme de sauvetage et de valorisation des manuscrits ou encore politique muséale à travers l'aménagement du Musée national et la création de musées régionaux et communautaires. Tout ceci a été possible grâce à la coopération bilatérale ou multilatérale.

LISTE DES FESTIVALS	RETOMBEES
Festival Théâtre des réalités	- Coproduction des projets avec des compagnies de l'espace francophone - Formation des régisseurs (élaboration de programme) - Formation d'artistes en son et lumière - Tenue d'ateliers de formation en écriture (deux textes ont été édités) - Atelier d'édition des actes du festival (création d'un journal)
Fesmamas (Festival des masques et marionnettes de Markala)	- Reboisement - Cours de vacances - Recherche sur les masques avec l'Institut National des Arts et l'Ecole Supérieure des Arts de Metz en France
Festival Tamokhest	- Soins apportés à la population par une équipe de médecins invitée - Redécouverte des jeux traditionnels - Découverte de manuscrits auprès des marabouts - Présence sur les lieux d'une équipe de télévision américaine. - Règlements de conflits
Festival au désert	- Résolutions de conflits - Couverture médiatique internationale - Participation d'artistes originaires du Mali, du Niger, de Mauritanie, de Guinée Conakry, de France, d'Angleterre, du Maroc, d'Inde, d'Espagne

Festival de Koumantou (ADAKOM)	- Construction de 92 écoles - Construction de CESCOM - Aménagement de mares
Festival Kayes Médine	- Restauration du fort de Médine par l'Etat malien - Formation en restauration de monuments
Festival AZALAI	- Creusement de puits par l'assemblée Régionale de Tombouctou
Festival Dogon	- Mise en place de projets de musées - Construction d'un togouna - Exposition d'objet d'arts - Conférences sur le mythe du cheval en pays dogon.

Les biennales artistiques sont nettement apparues comme des facteurs de cohésion sociale. Elles ont permis aux jeunes de se rencontrer et d'échanger. Il s'est ainsi créé des relations qui, au-delà du local, se sont propagées dans tout le pays et ont participé à la construction d'un sentiment national. Elles ont effectivement favorisé, en plus de l'esprit de compétitivité, le sentiment d'appartenance au même pays. De plus, en favorisant la découverte de jeunes artistes, elles ont participé, non seulement au développement culturel, mais ont eu également quelques retombées économiques. En effet, certains des talents mis en scène lors de ces biennales jouissent aujourd'hui d'une renommée internationale. C'est le cas d'Oumou Sangaré, de Mahawa Doumbia, Fantani Touré, Djénéba Seck, Nana Coul et bien d'autres[126].

Si la mondialisation a été un facteur favorable à l'émergence de certains artistes, il n'en demeure pas moins que ces derniers subissent aussi cette mondialisation. En effet, il n'existe dans le pays aucun studio d'enregistrement, ce qui oblige les musiciens à se rendre à Conakry, à Paris ou à Londres. Par ailleurs, le phénomène de la piraterie entraîne un manque à gagner non seulement pour les artistes, mais aussi pour le pays qui peut alors difficilement financer le développement de ses industries culturelles.

En ce qui concerne les festivals, le bilan varie sensiblement d'un festival à l'autre, mais force est de reconnaître que les retombées économiques directes sont relativement faibles.

[126] Certains artistes ont développé autour d'eux, une véritable industrie culturelle. D'autres, telle que Oumou Sangaré sont allés plus loin. Oumou dispose aujourd'hui de sa propre gamme de véhicules automobiles « la marque Oum Sang » et un hôtel particulier.

Des formations ont été mises en place dans chaque festival et il faut espérer qu'elles incitent les personnes concernées à poursuivre les efforts nécessaires à l'organisation de ces festivals et à la création de véritables industries culturelles. Il convient d'ajouter que, d'un point de vue socio-économique, les retombées de ces manifestations culturelles s'observent aussi au travers d'actions concrètes de préservation environnementale et de construction d'infrastructures (CESCOM, écoles, puits). Malheureusement ces actions ne s'accompagnent pas toujours d'une valorisation des biens culturels en termes d'économie de la culture.Un autre constat découlant de cette effervescence vient modérer les aspects positifs liés à la tenue des festivals. On peut noter de manière générale un manque de définition de l'identité des festivals et surtout une mauvaise programmation des événements. La plupart du temps, les environnements local, national et international ne sont pas réellement intégrés. Rares sont les festivals qui s'insèrent dans le calendrier de la période touristique. S'y ajoutent des difficultés de financements et des problèmes liés à la conception de projets culturels qui ne tiennent pas forcément compte des normes nationales et internationales. Tous ces éléments constituent indiscutablement des menaces à la pérennisation des festivals.

De plus en plus de manifestations culturelles ont conscience de la nécessité de sortir du local pour s'adresser à l'espace monde. Elles font leur promotion sur Internet par la construction d'un site. Les NTIC sont très nettement mises à contribution dès lors que c'est possible. C'est d'ailleurs grâce aux NTIC que des vedettes maliennes ont pu se propulser sur le plan mondial.

Conclusion

Le développement de l'industrie culturelle et ses retombées sur les territoires se font avec certaines constantes (explosion du champ patrimonial et de la proposition de festivals par exemple), mais sont reçus de manière différenciée.

La promotion de la diversité culturelle n'est pas seulement une affaire locale. Elle doit dorénavant engager l'ensemble des réseaux d'acteurs susceptibles d'intervenir à différentes échelles, y compris à l'échelle mondiale. Parvenir à une gestion harmonieuse de la diversité implique, en effet, une intégration des dimensions à la fois locale et globale, ainsi que la recherche d'un équilibre, difficile à atteindre pour l'heure, entre les dynamiques économique, culturelle, sociale et le politique.

CONCLUSION GENERALE

Alain KIYINDOU

Cultures, technologies et mondialisation, trois termes clés de cette ère dont la juxtaposition ne va pas sans poser de problèmes dans la mesure où il semble assez difficile de délimiter clairement le champ dévolu à la culture et celui de la technologie voire de la mondialisation. Mais au-delà des délimitations du champs terminologique, le sujet abordé par cet ouvrage est central dans la mesure où il est lié à notre vivre ensemble, à la façon dont nous nous regardons et percevons les autres, c'est-à-dire, l'identité et à la façon dont ces différents regards s'entrechoquent, dialoguent, s'enrichissent. Naturellement les médias y jouent un rôle fondamental, les technologies dites nouvelles aussi. Les médias permettent à chacun de construire son identité et son appartenance. En Tunisie, dans les départements français d'Outre-mer et partout ailleurs, ils contribuent à la mise en valeur de particularismes culturels. De nombreuses émissions radiophoniques mettent en œuvre cette logique de cultures métissées. Toutefois, la liberté culturelle ne doit pas se limiter à un conservatisme culturel ou à un attachement à des manifestations qui, au nom de l'histoire ou de la tradition, portent atteinte à la dignité humaine. Il faut se méfier de cet argument souvent utilisé à des fins politiques stigmatisant ainsi les populations d'origine étrangère. La dignité humaine ne se décrète pas, encore moins par des hommes politiques étrangers à la culture en question. Elle relève d'une concertation globale dans laquelle les différentes cultures, sans *a priori*, dialoguent et déterminent ensemble les fondements du vivre ensemble c'est-à-dire les piliers de la société « mondialisée ». En effet, le développement des technologies de l'information et de la communication a facilité l'émergence de valeurs communes, plus partagées aujourd'hui qu'hier. Le respect de l'environnement, même si beaucoup reste à faire dans ce domaine, est globalement accepté comme valeur fondamentale de la société, à côté de l'égalité, la liberté, la fraternité dont l'expression la plus visible est le développement de réseaux internationaux de solidarité. Développement solidaire, co-développement sont certes devenus des mots à la mode, mais derrière ces termes se cache une vision de plus en plus affirmée, celle de l'interdépendance des citoyens du monde. Du monde parce que la citoyenneté se vit aujourd'hui aussi bien au niveau local que global. Ainsi, les causes « étrangères » trouvent plus facilement un écho mondial, les rendant de ce fait internationales. Le partage des savoirs est de plus en plus prôné. D'abord par les institutions internationales, les hommes politiques mais aussi par les entreprises privées dont l'internationalisation a mis à jour des écarts culturels, nécessitant un management particulier et surtout la prise en compte des modes de pensées, de vie et des façons de faire différentes. En effet, si la technologie permet à chacun, où qu'il se trouve, de se connecter avec l'autre situé à l'autre bout du monde, les différences culturelles atténuent fortement cette possibilité. Ce qui apparaît remarquable ici, c'est le rôle de plus en plus important tenu par les médiateurs, véritables faiseurs d'opinion et acteurs de la mobilisation internationale. La fonction *Agenda setting* bat son plein, sauf qu'avec la multiplication des réseaux sociaux, les faiseurs d'opinion ne sont plus là où on les attendait, c'est-à-dire dans les grands médias. Quel crédit donner à ces acteurs sortis de l'ombre et qui aujourd'hui tiennent le devant de la scène ? Bien entendu cette imposture est difficile à accepter par les médias classiques qui ne cessent de les mettre en cause. Mais les faits sont là. La cyberdémocratie, pardon, le journalisme citoyen est en marche. L'information circule de plus en plus vite au point que la digestion en est de plus en plus difficile. Infobésité peut-être, mais surtout consommables non adaptés à nos systèmes culturels. Le partage des savoirs s'est défait de l'emprise des hommes dits de science pour devenir un acte commun, basique, chacun partageant le peu qu'il sait. C'est effectivement cet effet de masse qui fait la force des réseaux sociaux, préfiguration de la société de demain. Nos modèles de transmission du savoir sont à repenser et le savoir lui-même, à questionner. L'objectif est de sortir de la dictature de la rationalité scientifique, du mépris des autres types de rationalités. Cela suppose bien entendu la prise en compte des cultures différenciées, de la multiplicité des opinions. Les membres de la diaspora nous apportent matière à réflexion. Leur attachement aux médias transnationaux dénote peut-être un certain malaise voire un besoin d'exotisme non assouvi au sein de la société nouvelle dans laquelle s'inscrivent leurs parcours migratoires. Mais les revendications que l'on peut observer ici et là, les attachements à la culture dite d'origine révèlent que ladite culture est aussi faite d'emprunts et que le métissage est partout. La construction de l'identité passe par le sentiment d'exclusion ou de participation à des groupes sociaux plus ou moins organisés, d'acceptation ou de rejet de normes, de valeurs et de significations. Mais ces normes ne sont pas figées et bougent avec le temps, l'espace, les individus. Le syncrétisme évoqué ici ne signifie pas que la culture s'uniformise sous la pression de la mondialisation des échanges même si les valeurs ne se lisent plus en termes de centre et périphéries, de Nord et Sud etc. Chacun où qu'il se trouve « retravaille », « ré-invente », se « ré-approprie » la culture, ce qui aboutit à des sociétés composites, hybrides. L'on convient donc, qu'au-delà de la culture, nous restons dans des fonctionnements sociaux très complexes, notamment en matière de réaction aux influences externes. C'est aussi cela la mondialisation ! Mais cette mondialisation laisse au bord de la route ceux qui ne parlent pas la langue dominante, comdamnés à résister ou à « se rendre », ceux qui ne possèdent pas les outils technologiques nécessaires pour être à la pointe de l'information, ceux qui ne possèdent pas la culture nécessaire pour en jouir efficacement. On appelle cela fracture, fragmentation mais il est évident que la culture, la technologie et la mondialisation n'ont pas cessé de livrer leurs lots de surprises. Les mutations se situent à tous les niveaux, les hommes, les femmes, la société évoluent, mais attention à ne pas confondre changement technologique, culturel, mondialisation et progrès social. Les bénéfices de ces évolutions sont plus complexes et inégalement répartis, à l'image de la société elle-même.

La promotion de la diversité culturelle n'est pas seulement une affaire locale. Elle doit être replacée dans les divers réseaux exprimés à différentes échelles. L'échelle mondiale est désormais incontournable. Gérer de façon harmonieuse la diversité oblige à l'intégration de ces différentes échelles et à la recherche d'un équilibre entre l'économique, le culturel, le social et le politique. Cet équilibre est difficile à atteindre dans notre époque de globalisation.

PRESENTATION DES AUTEURS

- AMADOR BAUTISTA Rocío est professeur à l'Université Nationale autonome de Mexico (UNAM). Ses travaux portent sur la formation à distance et les politiques publiques.

- ANTIOPE Nathalie est Attachée d'enseignement et de recherche à l'Université des Antilles Guyane.

- AOUDIA Karima est Chargée de cours à l'Université du Québec à Montréal, Québec. Ses travaux portent sur les médias transnationaux.

- ARIF Salah est Maître de conférences à l'Université d'Evry, France.

- AUBIN France est professeure à l'Université du Québec à Montréal et membre du Groupe de recherche interdisciplinaire sur la communication, l'information et la société (GRICIS).

- CAILLÉ Patricia est Maîtresse de Conférences à l'Université Robert Schuman de Strasbourg. Ses travaux portent principalement sur le cinéma.

- CISSOUMA TOGOLA Diama est Professeur, Université de Bamako au Mali, ses travaux portent sur la valorisation du patrimoine culturel.

-DIBAKANA Jean-Aimé est Docteur en sociologie et Chargé de cours à l'Université Paris V – Ecole normale sociale. Ses travaux portent sur les contours du changement social, notamment en Afrique.

- GIADAS Marcos est Maître de conférences à l'Université Paris Ouest, La Défense, France.

- KHARDOUCHE Ali, est Docteur, Université de Paris 13, France.

- KIYINDOU Alain, est maître de conferences HDR à l'Université de Strasbourg, France. Ses travaux portent principalement sur les technologies de l'information et de la communication et du développement.

- LAULAN Anne-Marie est Professeur émérite à l'Université de Bordeaux 3, Responsable pour la France du Comité de liaison, programme MOST Unesco, Rédacteur en chef de la revue Hermes, Chargée de mission à l'ISCC…

- LAVIGNE Michel est Docteur d'Etat en Sciences Politiques (1981), après un parcours professionnel dans la création audiovisuelle et multimédia est aujourd'hui enseignant chercheur (Universités Toulouse II et Toulouse III). Les activités d'enseignement portent sur la création d'applications multimédias. La thématique principale concerne la création d'œuvres numériques interactives, concepts techniques, esthétiques et communicationnels.

- MAKHLOUFI Abdelouahab est Maître de conférences à l'Université de Bejaia, Algérie.

- MEBIROUK Bachir Mohamed est Maître de conferences, chercheur, Doyen à la Faculté des sciences de gestion et sciences commerciales. Université de Jijel.

- SAADAOUI Linda est doctorante en Sciences de l'information et de la communication (SIC) à l'Université Paul Verlaine de Metz, jeune chercheuse au Centre de recherche sur les médiations (CREM, EA 3476).

- SMATI Nozha est Docteur en Sciences de l'information et de la communication. Ecole Supérieure d'Audiovisuel (ESAV)- Université de Toulouse II, Laboratoire de Recherches en Audiovisuel (LARA).

- THEPAUT Yves est Maître de conférences Habilité à diriger les recherches en Sciences de l'information et de la communication à l'Université de Rennes 2, France.

-YEGHNI Samia est enseignante chercheuse, Département des sciences de gestion, Université de Jijel, Algérie.

- ZOGHBI Walid est Doctorant en sciences de l'information et de la communication, Université de Metz, France.

REFERENCES BIBLIOGRAPHIQUES

ARTICLES

BOUBEKER Ahmed, « Les paraboles de l'immigration, Technique, identité et lien social », in *Diversité Ville-École-Intégration*, n° 119, décembre 1999, pp 111 -120.

BOURDON Jérôme, « Les étrangers au prime-time : la télé est-elle xénophobe ? », in *Télés d'Europe et immigration*, la documentation française, Paris, 1993.

BOURE Robert, COULOMB-GULLY Marlène, « Télé-Toulouse dans la recomposition des territoires (1988-2000) », in *Recherches en Communication*, n°14, département d'information et de communication, Université de Louvain, 2001, pp.129-155.

CAUCHON Paul, « Déréglementation – Le milieu culturel québécois condamne la « dérive » du CRTC », *Le Devoir,* édition du mardi 30 octobre 2007.

CAUCHON Paul « Concentration des médias, prise 148 » *Le Devoir,* édition du lundi 20 août 2007.

CHENEAU-LOQUAY Annie, « Les relations entre l'État, le droit et les réseaux techniques sont-elles obligatoires dans le processus de modernisation ? Réflexion à partir du cas africain », *Terminal* n° 84, L'Harmattan, Paris, 2001, pp. 55-84.

CURIEN Nicolas, « L'économie des réseaux », http://www.ensae.org/gene/imprim.php/id_article=271, 1997.

De GOURNAY Catherine., « En attendant les nomades. Téléphonie mobile et modes de vie », *Réseaux* n°65, 1994.

DEMICHELI Bianchi, *psychothérapie*, vol 24, 2004, N001, p 1-2, www.cairn.info/article.php?ID REVUE= PSYS&ID

DIBAKANA Jean Aimé, « Usages sociaux du téléphone portable et nouvelles sociabilités au – Congo » in *Politique africaine* n° 85, Paris, 2002, pp. 133-150.

DOLLFUSS Olivier, « Le système-monde », in *Géographie universelle*, t. 1, *Mondes nouveaux*, Hachette-Reclus, Paris, 1990, pp.273-307.

FLICHY Patrice, « Le téléphone et ses usages », in Cabin Philippe (dir.), *La communication, état des savoirs,* éd. Sciences humaines, Auxerre, 1998.

FONCK Danièle, « Foot = Patriotisme ? », *La Une*, 13/06/06.

GODDARD John, « New technology and the Geography of the UK Information Economy » in Robins Kevin ed., *Understanding Information : Business, Technology and Geography*, Belhaven Press, London, 1992, pp.178-201.

GRANOVETTER Mark, « The Strength of Weak Ties », in *American Journal of Sociology*, n°78, 1973.

HILLION Jacques, « Décryptage », *Le Jeudi*, 13/06/06.

JOSEPH Isaac, communication au colloque « Du bon usage de la ville », Bruxelles, mars 1984.

KIYINDOU Alain, « Un continent oublié des médias occidentaux. Une Afrique sans histoire » in Michel Mathien (dir.), *La médiatisation de l'Histoire, ses risques et ses espoirs*, Bruylant, Bruxelles, 2005, pp. 265-278.

KUSTER Marianne, Goulet Céline, Pépin Jacinthe « Significations du soin Postnatal pour des immigrants algériens », *L'infirmière du Québec,* Volume 10 n°1, Septembre Octobre, 2002.

MATTELART Armand, « L'âge de l'information: genèse d'une appellation non contrôlée » in *Questionner la societé de l'Information, Réseaux* Vol.18 N°101, Hermes, Paris, 2000.

MOULIER-BOUTANG Yann, 2001, « Une mutation de l'économie politique tout court », *Mutations*, Bordeaux, Actar : Arc-en-rêve : Centre d'architecture de Bordeaux, pp. 70-76.

PROULX Serge, BELANGER Danielle, « La représentation des communautés immigrantes à la télévision francophone du Québec : Une opportunité stratégique », in *Revue Réseaux*, n° 107, 2001.

RAKOW Lana, NAVARRO Vija, 1993, "Remote mothering and the parallel shift. Women meet the cellular telephon, Critical studies" in *Mass communication*, vol 10, n°2, pp. 114-157

RAVAULT René-Jean, « Défense de l'identité culturelle par les réseaux traditionnels de ''coerséduction'' », in *International Political Science Review*, vol. 7 (n°3), 1986.

ROCHLIN Gene, « Pris dans la toile : réseaux, mutations et conformité à l'ère de l'informatique », *Flux*, octobre-décembre1995, n° 22, 17-29.

SASSEN Saskia, « La ville globale : une introduction au concept et à son histoire », *Mutations*, Bordeaux, Actar : Arc-en-rêve : Centre d'architecture de Bordeaux, 2001, pp.104- 124.

SIMONIN Jacky, « Les ethnogenres informationnels » in *Questionner l'internationalisation. Cultures, acteurs, organisations, machines,* XIVème Congrès SFSIC, Béziers, 2004, pp.145-151.

TAZI Nadia, 2001, « Fragments de Net-theory », in *Mutations*, Bordeaux, Actar : Arc-en-rêve : Centre d'architecture de Bordeaux, pp.42-57.

OUVRAGES

ADDA Jacques, *la mondialisation de l'économie*, Casbah éditions, Alger, 1998.

ADORNO Theodor, HORKHEIMER Max, *La dialectique de la raison*, Gallimard, Paris, 1983.

ALYSON Marc, « *Luxembourg is definitely an e-business country: exit AOL Europe Services. Here comes TPH Services* », *PaperJam*, avril 2008.

AMSELLE Jean-Loup, *Branchements : Anthropologie de l'universalité des cultures*, Flammarion, Paris, 2001.

APPADURAI Arjun, *Après le colonialisme. Les conséquences culturelles de la globalisation*, Payot, Paris, 1996.

AUGE Marc, HERZLICH Claudine, *Ordres sociaux, le sens du mal, Anthropologie, histoire, sociologie de la maladie,* Edition des archives contemporaines, Paris, 1984.

BADIE Bertrand, *La fin des territoires*, Fayard, Paris, 1995.

BAKIS Henry, Roche Edward Mosley (eds), *Developments in Telecommunications. Between Global and Local*, Aldershot, Avebury, 1998.

BAILLY Antoine, Ferras Robert, Pumain Denise (dir.), *Encyclopédie de la géographie*, Économica, Paris, 1992.

BARRETTE, Gaudet, et Lemay, *Guide de communication interculturelle*, Renouveau pédagogique, Québec, 1996.

BASTIEN François, Neveu Erik (Dir.), *Espaces publics mosaïques: acteurs, arènes et rhétoriques des débats publics contemporains*, PUR, Rennes, 1995.

BAUDRILLARD Jean., *Le système des objets,* Gallimard, Paris, 1973.

BAUDRILLARD Jean, *La société de consommation*, Gallimard, Paris, 1970.

BAYART Jean-François (dir.), *La réinvention du capitalisme. Les trajectoires du politique*, Karthala, Paris, 1994.

BECKER Howard, *Propos sur l'art*, L'Harmattan, Paris, 1999.

BDIOUDI Abdelhamid, *L'image de l'Arabe et des musulmans dans la presse écrite en France, entre 1967 et 1984,* Thèse de doctorat de 3eme cycle en sociologie, Université Lyon Jean Moulin, 1985.

BENAMRANE Djilali, *Les télécommunications entre biens publics et marchandises*, Editions Charles Léopold Mayer, Paris, 2007.

BOLTANSKI Luc, *La souffrance à distance*, Editions Métailié, Paris, 2007.

BOUCHER Manuel, *Rap, expression des lascars*, l'Harmattan, Paris, 1998,

BOURDIEU Pierre, *La Distinction : Critique sociale du jugement,* Edition du Minuit, Paris, 1979.

BOURDIEU, Pierre, *Le sens pratique,* Editions du Minuit, Paris, 1980.

BRUNET Roger, DOLLFUSS Olivier, *Mondes nouveaux*, tome 1 de la *Géographie Universelle, universelle,* Hachette, Paris, 1990.

CAMILLERI Jean-Francois, *Le Marketing des films*, Dixit Editions, Paris, 2006.

CARRICABURU Danièle, MENORET Marie, *Sociologie de la santé, Institutions, professions et maladies*, Armand Colin, Paris, 2004.

CASTELLS Manuel, *The Rise of Network Society*, Blackwell Publishers Inc, Massachusetts, 1996.

CASTELLS Manuel, *La société en réseaux. L'ère de l'information*, Fayard, Paris, 1998.

CASTELLS Manuel, *Le pouvoir de l'identité. L'ère de l'information*, Fayard, Paris, 1999.

CASTELLS Manuel, *La galaxie Internet*, Fayard, Paris, 2001.

CHAMPAGNE Patrick, *Faire l'opinion, le nouveau jeu politique*, Seuil, Paris, 1994.

CHANTEPIE Philippe, Le Diberder Alain, *Révolution numérique et industries culturelles*, La Découverte, Paris, 2005.

CHATEAU Dominique, Darras Bernard, *Arts et multimédia - L'œuvre d'art et sa reproduction à l'ère des médias interactifs*, Publications de la Sorbonne, Paris, 1999.

CHENEAU-LOQUAY Annie (dir.), *Mondialisation et technologies de la communication en Afrique*, Karthala-MSHA, Paris, 2004.

CLAVAL Paul, *La nouvelle géographie*, Puf, Paris, 1978.

COUTARD Olivier, OFFNER Jean-Marc (dir.), *Les technologies du territoire*, actes du colloque international du Groupement de Recherche 903, « Réseaux », du Cnrs (Paris, 25 et 26 septembre 1995), Cnrs, Paris, 1995.

DADIE Bernard, *Paroles pour Marie*, Droguet-Ardant, Paris, 1978.

De CERTEAU Michel, *L'invention du quotidien. Arts de faire*, Union générale d'éditions, Paris, 1980.

DELORS Jacques, *L'éducation, un trésor est caché dedans,* Unesco, Paris, 1996.

DESJEUX Dominique, *La consommation*, PUF, QSJ, Paris, 2006.

De STERIO A. M. D., *La Franc Maçonnerie au Luxembourg*, Ed. Maçonniques de France, Paris, 1998.

DIBAKANA Mouanda Jean-Aimé, *Figures contemporaines du changement social en Afrique*, L'Harmattan, Paris, 2008.

DIDIOT Béatrice, Cordellier Sege, Chabrol Lucie (coord.), *L'état du monde*, La découverte, Paris, 2006.

DIMINESCU Dana, *Visibles mais peu nombreux. Les circulations migratoires roumaines*, Maison des sciences de l'homme, Paris, 2004.

D'IRIBARNE Philippe, *La logique de l'honneur. Gestion des entreprises et traditions nationales,* Seuil, Paris, 1989.

D'IRIBARNE Philippe (dir), *Cultures et mondialisation : gérer par delà les frontières*, Seuil, Paris, 1998.

D'IRIBARNE Philippe, *Le tiers-monde qui réussit : nouveaux modèles*, éditions Odile Jacob, Paris, 2003.

DONNAT Olivier, *Les français face à la culture*, La Découverte, Paris, 1994.

DUBOIS Jean Pierre, *Mondialisation, universalisme et droits culturels*, OIF/IADH, Tunis, 2002.

DUPUY Gabriel, *Internet, géographie d'un réseau,* Ellipses, Paris, 2002.

DURAND Marie-Françoise, Lévy Jacques et Retaillé Denis, *Le monde. Espace et systèmes*, Presse de la Fondation nationale des sciences politiques, Dalloz, Paris, 1993.

ELIAS Norbert, *La civilisation des mœurs*, Calman Levy, Paris, 1973.

ELLUL Jacques, *La technique enjeu du siècle*, Économica, Paris, 1990.

FEBVRE Lucien, *La Terre et l'évolution humaine*, Albin Michel, Paris, 1970.

FERRAGUTEN Eliane et al, *Psychosomatique, santé douleur, la dimension de la souffrance en psychosomatique*, Masson, Paris 2000.

FRUSTIER Pierre (dir.), *Les identités insulaires face au tourisme*, Siloë, Paris, 2007.

FRUSTIER Pierre & PERROY François, *La communication touristique des collectivités territoriales*, Territorial, 2005.

GANDOULOU Justin Daniel, *Dandies à Bacongo : le culte de l'élégance dans la société congolaise contemporaine*. L'harmattan Paris, 1989.

GILLE Bertrand, *Histoire des techniques*, Gallimard, La Pléiade, Paris, 1978.

GOFFMAN Erwin, *La mise en scène de la vie quotidienne*, Edition du Minuit, Paris, 1973.

GONORD Alban, Menrath Joëlle, *Mobile attitude. Ce que les portables ont changé dans nos vies*, Hachette littératures, Paris, 2005.

GRAS Alain, *Grandeur et dépendance. Sociologie des macro-systèmes techniques*, Puf, Paris, 1993.

HABERMAS Jean, *L'espace public. Archéologie de la publicité comme dimension constitutive de la société bourgeoise*, Payot, Paris, 1978.

HALBWACH Maurice, *La Classe ouvrière et les niveaux de vie*, Alcan, Paris, 1912.

HAMMAN Philippe, *Les travailleurs frontaliers en Europe, mobilités et mobilisations transnationales,* L'Harmattan, Paris, 2005.

HEINICH Nathalie, *L'élite artistique. Excellence et singularité en régime démocratique*, Gallimard, Paris, 2005.

HIRSCH Emmanuel, Soigner l'autre - L'éthique, l'hôpital et les exclus, Belfond, Paris. 1997.

ION Jacques, *L'engagement pluriel*, Publications de l'université de Saint-Etienne, Saint-Etienne, 2001.

JAUREGUIBERRY Francis, *Les branchés du portable*, PUF, Paris, 2003.

JORDAN Tim, *S'engager! Les nouveaux activistes, agitateurs…*, Autrement, Paris, 2002.

KAUL Inge, GRUNBERG Isabelle, et STERN, Marc, eds. *Les biens publics mondiaux*. Economica, Paris, 2002 (1ère éd. 1999).

KIYINDOU Alain, *Les pays en développement face à la société de l'information*, L'harmattan, Paris, 2009.

KIYINDOU Alain, EKAMBO Jean-Chrétien, MIYOUNA Robert-Ludovic, *Communication et dynamiques de globalisation culturelle*, L'Harmattan, Paris, 2009.

KIYINDOU Alain (dir), *Penser la fracture numérique*, Hermes Lavoisier, Paris, 2009.

KIYINDOU Alain, Mathien Michel, *La liberté d'expression face à l'évolution économique libérale,* Bruylant, Bruxelles, 2007.

LAFRANCE Jean-Paul, LAULAN Anne-Marie, CARMEN rico (dir), *Place et rôle de la communication pour le développement international*, Presses universitaires du Quebec, Montreal, 2006.

LATOUCHE Serge, *Le pari de la décroissance*, Fayard, Paris, 2006.

LAULAN Anne-Marie, *La résistance aux systèmes d'information*, Retz, Paris, 1985.

Le GLATIN Marc, *Internet : un séisme dans la culture ?*, Editions de l'Attribut, Paris, 2007.

LEVY Jacques, *Le tournant géographique,* Belin, Paris, 1999.

LEVY Pierre, *World Philosophie,* Éditions Odile Jacob, Paris, 2000.

LEVY Pierre, *Cyberculture*, Rapport au Conseil de l'Europe, Odile Jacob, Paris, 1997.

MAC LUHAN Marshall, *Guerre et paix dans le village planétaire*, Robert Laffont, Paris, 1970.

MAFFESOLI Michel, *Le temps des tribus. Le déclin de l'individualisme dans les sociétés postmodernes,* La table ronde, Paris, 2000.

MARSHALL Alfred, *Principes d'Economie Politique,* Gordon & Breach, Paris, 1971.

MATTELART Armand, La *communication-monde : histoire des idées et des stratégies*, La Découverte, Paris, 1999.

MATTELART Armand, Erik Neveu, *Introduction aux Cultural Studies*, Paris, La Découverte, 2003.

MICHALET Charles-Albert, *Qu'est-ce que la mondialisation ?* La Découverte, Paris, 2002.

MIEGE Bernard et al., *Capitalisme et industries culturelles*, Presses Universitaires de Grenoble, Grenoble, 1978.

MIEGE Bernard, *Les industries du contenu face à l'ordre informationnel*, Presses Universitaires de Grenoble, Grenoble, 2000.

MOLES Abraham, Rohmer Elizabeth, *Psychosociologie de l'espace*, Casterman, Paris, 2ème édition, 1978.

MORIN Edgar, *La Méthode 2. La vie de la vie*, Seuil, Paris, 1980.

NTAMBUE Tshimbulu Raphael, *L'Internet, son web et son E-mail en Afrique,* L'Harmattan, Paris, 2001.

OFFNER Jean-Marc, PUMAIN Denise (dir.), *Réseaux et territoire*, Éditions de l'Aube, Paris, 1996.

PAILLE Pierre, Mucchielli Alex, *L'analyse qualitative en sciences humaines et sociales,* Armand Colin, Paris, 2003.

POGNANT Patrick, Scholl Claire, *Les Cd-Rom culturels*, Hermès, Paris, 1996.

PORCHER Louis, *Les échanges éducatifs*, L'Harmattan, Paris, 2000.

SELLIER Geneviève, *La Nouvelle Vague: Un cinéma au masculin singulier*, Editions CNRS, Paris, 2005.

SENGHOR Léopold Sedar, *Œuvres poétiques*, Le Seuil, Paris, 1990.

SOUPIZET Jean-François, LAURENT Gille, (dir.), *Nord et Sud numériques*, Hermès Science Publications, Paris, 2001.

SPENGLER Oswald, *Le déclin de l'Occident*, Gallimard, Paris, 1948.

TAZIVELTZ Paul, *Mondialisation, villes et territoires : une économie d'archipel*, Puf, Paris, 1996.

TONDA Joseph, *Le souverain moderne. Le corps du pouvoir en Afrique centrale (Congo, Gabon),* Paris, Karthala, 2005.

TZVETAN Todorov, *Nous et les autres, la réflexion française sur la diversité humaine,* Paris, Seuil, 1989.

VEBLEN Thorstein, *Théorie de la classe de loisir,* Gallimard, Paris, 1979.

WALTER Benjamin, *L'œuvre d'art à l'époque de sa reproductibilité technique*, trad. Maurice de Gandillac, Allia, Paris, 2006.

WARNIER Jean-Pierre, *La mondialisation de la culture*, La Découverte, Nouv. Ed, Paris, 2003.

WEBSTER Frank, *Theories of the Information Society,* Routledge, London, 1995.

WOLTON Dominique, *L'autre mondialisation*, Flammarion, Paris, 2003.

DOCUMENTS ET RAPPORTS

CSA, *La Lettre du Conseil supérieur de l'audiovisuel*, n° 129, juin 2000.

EUROPEAN COMMISSION, *European Commission against Racism and Intolerance, rapport sur la France 1999*, http://www.coe.int/ecri/

MAC BRIDE Sean, Voix Multiples, Un Seul Monde, Documentation française, Paris, 1980.

MINC Alain, NORA Simon, *L'informatisation de la société*, La decouverte, Paris, 1978.

Organisation Internationale de la Francophonie, *Le mouvement panafricaniste au vingtième siècle,* OIF, Dakar, 2004.

SMSI, *Construire la Société de l'Information: un défi global pour le nouveau millénaire,* SMSI, Genève, 2004.

UNESCO, *Document de Politique pour l'échange et le développement de l'Enseignement Supérieur*, París, 1995.

UNESCO, *L'Unesco et une société de l'information pour tous*, Unesco, Paris, 1996.

UNESCO, *Rapport mondial sur la communication. Les medias face aux défis des nouvelles technologies,* Unesco, Paris, 1997.

UNESCO, *La educación superior en el Siglo XXI. Visión y acción. De lo Tradicional a lo Virtual: Las Nuevas Tecnologías de la Información*, Unesco, Paris, 1998.

UNESCO, *Reporte Mundial sobre la Comunicación y la Información 1999-2000,* Unesco, París, 1999.

UNESCO, *Vers les sociétés du savoir*, Unesco, Paris, 2005.

TABLE DES MATIERES

L'HARMATTAN, ITALIA
Via Degli Artisti 15 ; 10124 Torino

L'HARMATTAN HONGRIE
Könyvesbolt ; Kossuth L. u. 14-16
1053 Budapest

L'HARMATTAN BURKINA FASO
Rue 15.167 Route du Pô Patte d'oie
12 BP 226 Ouagadougou 12
(00226) 76 59 79 86

ESPACE L'HARMATTAN KINSHASA
Faculté des Sciences Sociales,
Politiques et Administratives
BP243, KIN XI ; Université de Kinshasa

L'HARMATTAN GUINEE
Almamya Rue KA 028 en face du restaurant le cèdre
OKB agency BP 3470 Conakry
(00224) 60 20 85 08
harmattanguinee@yahoo.fr

L'HARMATTAN COTE D'IVOIRE
M. Etien N'dah Ahmon
Résidence Karl / cité des arts
Abidjan-Cocody 03 BP 1588 Abidjan 03
(00225) 05 77 87 31

L'HARMATTAN MAURITANIE
Espace El Kettab du livre francophone
N° 472 avenue Palais des Congrès
BP 316 Nouakchott
(00222) 63 25 980

L'HARMATTAN CAMEROUN
Immeuble Olympia face à la Camair
BP 11486 Yaoundé
(00237) 99 76 61 66
harmattancam@yahoo.fr

L'HARMATTAN SENEGAL
« Villa Rose », rue de Diourbel X G, Point E
BP 45034 Dakar FANN
(00221) 33 825 98 58 / 77 242 25 08
senharmattan@gmail.com

557023 - Février 2014
Achevé d'imprimer par

1livre.com
du rêve à la réalité !

www.ingramcontent.com/pod-product-compliance
Lightning Source LLC
LaVergne TN
LVHW021212061026
849535LV00008B/2692